高职高专计算机系列

C语言
项目式教程

C language Programming Project Tutorial

赵志成 ◎ 主编
孙艳波 刘飞超 张巍 刘加森 赵德刚 ◎ 副主编
左晓英 王继红 ◎ 主审

人民邮电出版社
北京

图书在版编目（CIP）数据

C语言项目式教程 / 赵志成主编. -- 北京 : 人民邮电出版社, 2014.9（2023.9 重印）
工业和信息化人才培养规划教材. 高职高专计算机系列
ISBN 978-7-115-35445-7

Ⅰ. ①C… Ⅱ. ①赵… Ⅲ. ①C语言－程序设计－高等职业教育－教材 Ⅳ. ①TP312

中国版本图书馆CIP数据核字(2014)第081040号

内 容 提 要

本书从初学者的角度出发，结合编者多年的教学工作经验，选取九个项目来展开 C 语言各知识点的讲解，既涵盖了基本的语法知识的介绍，同时又涵盖了编程思想的传授。本书在编排上打破章节式以知识点为线索的刻板形式，采用以项目带动知识点的形式。这种形式既考虑到了知识点的递进关系，同时又考虑了理论知识在实践中的运用，能使初学者很好地掌握 C 语言程序设计的技巧。

本书语言简洁，符合初学者的阅读习惯，讲解生动，富有趣味性，适合自学和教学，可以作为大专院校计算机专业的 C 语言课程教材，也可作为培训教材使用。

◆ 主　　编　赵志成
　副 主 编　孙艳波　刘飞超　张　巍　刘加森　赵德刚
　主　　审　左晓英　王继红
　责任编辑　王　威
　执行编辑　范博涛
　责任印制　杨林杰

◆ 人民邮电出版社出版发行　　北京市丰台区成寿寺路 11 号
　邮编　100164　　电子邮件　315@ptpress.com.cn
　网址　http://www.ptpress.com.cn
　北京七彩京通数码快印有限公司印刷

◆ 开本：787×1092　1/16
　印张：12　　　　2014 年 9 月第 1 版
　字数：299 千字　　2023 年 9 月北京第 7 次印刷

定价：29.80 元

读者服务热线：(010) 81055256　印装质量热线：(010) 81055316
反盗版热线：(010) 81055315

前　言

C 语言是一种计算机程序设计语言，它既具有高级语言的特点，又具有汇编语言的特色。它由美国贝尔实验室的 Dennis M. Ritchie 于 1972 年推出。1978 年后，C 语言已先后被移植到大、中、小及微型计算机上，它可以作为工作系统设计语言，编写系统应用程序，也可以作为应用程序设计语言，编写不依赖计算机硬件的应用程序。它的应用范围广泛，具备很强的数据处理能力，不仅仅是在软件开发上，各类科研都要用到 C 语言。C 语言适于编写系统软件，三维、二维图形和动画，具体应用包括单片机以及嵌入式系统开发等。

C 语言由于其简单易读，结构清晰等特点一直都被作为程序设计的入门语言来学习。当然，抱着不同目的的学习者对这门语言的学习期望也是不同的，就本书而言注重在以下几个方面的讲解：

1. 了解程序的组成，知道什么是程序；
2. 掌握 C 语言基本语法的构成；
3. 养成良好的程序编写习惯；
4. 编程思想的培养。

通过以上几方面的讲解带领初学者进入程序的世界，为今后的畅游打下良好的基础。

本书编写的初衷是为计算机专业的学生在踏入大学后学习的第一门编程语言培养兴趣，因此在项目的选取上本着基本够用的原则，将本书划分为九个项目：

项目 1 介绍了 C 语言的发展历史、运行环境和基本组成；

项目 2 介绍了基本数据类型、表达式，并通过两个任务呈现它们在程序中的具体应用；

项目 3 介绍了条件控制语句和多分支控制语句；

项目 4 介绍了循环控制语句和一维数组在程序设计中的基本应用技术；

项目 5 介绍了二维数组的基本语法和使用数学建模的方法进行程序设计的思想；

项目 6 介绍了函数基本语法和递归编程思想；

项目 7 介绍了指针、结构体和排序算法；

项目 8 介绍了磁盘文件的各项操作技术；

项目 9 介绍了 C 语言中图形界面技术。

在近九年的教学工作中，经历了几次课程改革，总是试图去找一本适合学生进行自主学习与教师教学相结合的教材。最后，在左晓英、王继红两位主任的帮助下，与教学团队合作开发了这本《C 语言项目式教程》。其中赵志成负责项目 1 、项目 2 和项目 3 的编写工作，孙艳波负责项目 4 和项目 5 的编写工作，张巍负责项目 6 和项目 7 的编写工作，赵德刚负责项目 8 和项目 9 的编写工作，此外淮北职业技术学院陈衡老师也参与了编写。

本书在语言形式上采用学生容易接受的语言风格进行编写，清晰明了又富有趣味性。书中所选取的项目与任务也是能够提起学生学习兴趣同时又很容易上手的。项目带动知识点的学习，使读者先看到要实现的结果，在脑海中有了一个实际的构想，然后再通过书中技术支持的引导来完成这个构想，而不是一味地学习知识点却不知道这些知识点具体的应用，等看到应用的时候已经烦了。我们的宗旨是让读者在愉快中阅读、在愉快中学习，做好起航教育。

由于编者的水平有限，书中纰漏和不尽如人意之处，诚请读者提出意见和建议，以便进行修改完善。

编者

2014 年 3 月

目 录 CONTENTS

项目9 图形绘制与动画制作 173

PART 1

项目 1 爱上C语言

学习目标

- 了解程序的用途
- 了解程序执行的过程
- 熟悉 C 语言开发环境

你所要回顾的

本书的阅读方式可能与你之前所接触到的教程类书籍有所不同，需要你具有跳跃性的思维，用跳跃性的阅读方式来对待它，连续的阅读可能会对你造成视觉和心理上的疲劳，你是否想先看看后面讲的是什么呢？本书给你提供了这样的机会，我们会在前面把你要干的事以及干了这件事的结果给你，这时你要跳过我给你提示的怎样干好这件事而去阅读我为你提供的要干这件事的基础条件，也就是“技术支持”的那部分内容，基础牢固之后你会很轻松地把事情在我的提示下解决掉。

你所要展望的

前面说了我们要回顾的一些知识，接下来聊聊我们要展望的。对一个初学者也就是说对于程序或者是软件设计一无所知的读者来说，暂且把你定义为“初学者”，因为“C 语言”在一般情况下都是作为程序设计或软件设计的入门级语言来学习的。首先，要了解一下这门语言的发展历史，知道它的发展前景。其次，要弄懂什么是程序，程序是怎样执行的，也就是说程序在计算机上是怎样形成为软件的。再次，熟悉编写程序的环境，能够熟练使用这个平台来编写程序。最后，简要看看程序的组成部分。这些都是很基础的东西，没有太多的技术含量，以后会有人跟你说，“当你拿到一本技术类的书籍时，第一章可以忽略，直接从第二章看起就可以了，因为技术都是从第二章开始的”，但我还是建议你好好看看这本书的项目 1，就因为你是初学者。

1.1　任务 1　输出“C I Love You”

1.1.1　现在你要做的事情

在计算机上输出一段英文语句“C I Love You”。很简单的一个任务，但是我想当你看到这个任务的时候有可能会感觉无从下手吧？因为你还什么也没有学习呢，怎么就能利用代码来完成这件事呢？那么我们就来“技术支持”的部分好好学习一下吧，记住任务是在计算机上输出一段英文语句“C I Love You”。

1.1.2 参考的执行结果

程序设计完成，在编译器上执行后出现如图 1-1 所示的结果。

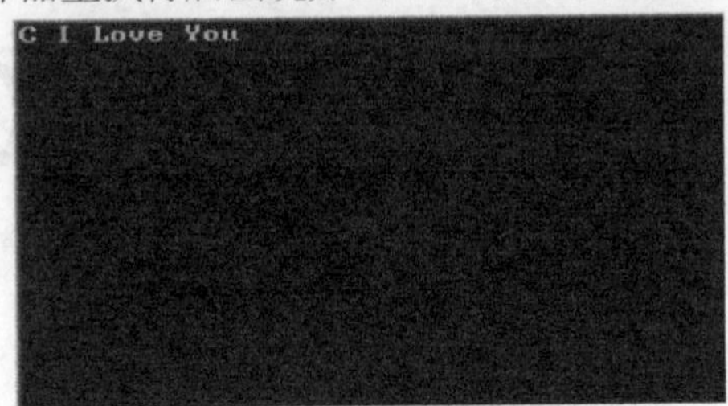

图 1-1 屏幕输出结果

1.1.3 我给你的提示

要实现图 1-1 所示的效果,这里我们应该知道要是用 C 语言,这些代码又是写在哪里的呢?代码设计好后又是怎样执行的呢？这些问题接下来一一给你解答。首先，C 语言的程序设计代码要写在一个编译器中，这个编译器的作用就是起到翻译的作用，用通俗的话来说就是 C 语言并不是计算机所能直接运行的语言或者说是母语，计算机所能直接运行的语言是机器语言，所以要想让 C 语言在机器上直接运行，就必须借助编译器将 C 语言进行编译，转换成计算机所能执行的语言来运行。“翻译”的方式有两种，一种是解释方式，即对源程序解释一句执行一句；另一种是编译方式，即先把源程序“翻译”成目标程序（用机器代码组成的程序），再经过连接装配后生成可执行文件，最后执行可执行文件而得到结果。像这类的编译器有很多，例如：Turbo C 2.0、Visual C++6.0、WIN-TC 1.9 等。本书所介绍的例子都是通过 WinTC 1.9 来进行编译的，关于这个编译器的使用在“技术支持”中会有详细的介绍。其次，C 语言是一种编译型的程序设计语言，它采用编译的方式将源程序翻译成目标程序（机器代码）。运行一个 C 程序，从输入源程序开始，要经过编辑源程序文件（.C）、编译生成目标文件（.obj）、连接生成可执行文件（.exe）和执行四个步骤。

1.1.4 验证成果

以下是本任务的程序代码（仅供参考）

```
#include "stdio.h"
#include "conio.h"/*头文件*/
/*主函数*/
main()
{
/*输出函数*/
   printf("C I Love You\n");
/*从标准输入设备读入一个字符函数*/
   getch();
}
```

我们通过本程序来讲解一下 C 语言程序设计代码的主要组成部分及执行顺序。首先看组成，#include "stdio.h" 和#include "conio.h"可以理解为导入头文件，include 称为文件包含命令，其意义是把尖括号“<>”或引号“""”内指定的文件包含到本程序来，成为本程序的一部分。被包含的文件通常是由系统提供的，其扩展名为.h，因此也称为头文件或首部文件。C 语言的头文件中包括了各个标准库函数的函数原型。因此，凡是在程序中调用一个库函数时，都必须包含该函数原型所在的头文件。这里导入了两个头文件分别是 stdio.h 和 conio.h。stdio.h 文件为我们提供了标准的输入和输出功能函数，这里的输入主要是指通过键盘输入数据，输出主要是指向屏幕上输出显示。conio.h 文件定义了通过控制台进行数据输入和数据输出功能的函数，主要是一些用户通过按键盘产生的对应操作，比如 getch()函数等。

Main()主函数是程序执行的入口也是程序执行的主体，程序要执行的主函数中的代码都包含在 main()后面的一对大括号中。这里特别需要注意的是一个程序只能有且仅有一个主函数。这里我们谈到了函数，那么函数究竟是什么呢？具体解释会在后面的项目中看到，这里你就把它看成是一组能够完成某些功能的程序代码集合。这里的函数一般分为两类，一类是系统提供的库函数，另一类是自己定义的函数。这里我用现实生活的例子给你做个比喻，函数就好比是电池，库函数好比是你从商店里购买的现成的，不用知道内部的结构只知道能供电、怎么用、不同的型号电力也不一样这就可以了；自定义的函数就好比是你在家里或者在实验室内自己制作的电池，既需要知道内部构造，还需要知道怎么用。

程序执行的顺序是自上向下顺序执行的，也就是说本程序在执行主函数内部程序代码的时候先执行 printf("C I Love You\n")；这一句在屏幕上打印上“C I Love You”，再执行 getch()；如果你的系统是 Windows 2000 或 Windows XP 的话，将会先看到一个操作系统警告的对话框，提示你以后的程序需要按照提示那样在结尾加上 getch()来暂停观看屏幕的输出结果。

/**/中的部分为注释内容，这部分内容不参与程序的执行，只起到一个解释说明的作用，但在程序设计中它的作用也是很大的。

1.2　技术支持

1.2.1　历史回顾

C 语言是在 20 世纪 70 年代初问世的。1978 年由美国电话电报公司（AT&T）贝尔实验室正式发表了 C 语言。同时由 B. W. Kernighan 和 D. M. Ritchit（K&R）合著了著名的 *THE C PROGRAMMING LANGUAGE* 一书。但是，在 K&R 的著作中并没有定义一个完整的标准 C 语言，后来由美国国家标准学会（American National Standards Institute）在此基础上制定了一个 C 语言标准，于 1983 年发表。通常称之为 ANSI C。

目前最流行的C语言有以下几种：

（1）Microsoft C 或称 MS C；

（2）Borland Turbo C 或称 Turbo C；

（3）AT&T C。

这些 C 语言版本不仅实现了 ANSI C 标准，而且在此基础上各自做了一些扩充，使之更加方便、完美。

1.2.2　C 语言的特点

（1）C 语言是过程化程序设计语言，所谓过程化就好比是建工厂，先把整个工厂分成几个车间，车间再分成几个单元，就这样细分下去最后将工厂建好。C 语言在做程序设计的时候就是将整个大的项目划分成几个子功能模块，然后再将模块向下划分，最终完成程序设计。

（2）C 语言简洁，开发灵活。ANSI C 一共只有 32 个关键字如表 1-1 所示。

表 1-1 ANSI C 关键字

auto	break	case	char	const	continue	default
do	double	else	enum	extern	float	for
goto	if	int	long	register	return	short
signed	static	sizof	struct	switch	typedef	union
unsigned	void	volatile	while			

这里需要注意的是在 C 语言中，关键字都是小写的。所谓关键字就是在程序设计语言中用来标识某些特定意义的，有唯一性。

（3）运算符丰富。共有 34 种。C 语言把括号、赋值、逗号等都作为运算符处理。从而使 C 语言的运算类型极为丰富，可以实现其他高级语言难以实现的运算。

（4）语法限制不太严格，程序设计自由度大。

（5）C 语言允许直接访问物理地址，能进行位（bit）操作，能实现汇编语言的大部分功能，可以直接对硬件进行操作。因此有人把它称为中级语言。

（6）生成目标代码质量高，程序执行效率高。

1.2.3 C 语言字符集与词汇

1. 字符集

字符是组成语言的最基本元素。C 语言字符集由字母、数字、空格、标点和特殊字符组成。在字符常量、字符串常量和注释中还可以使用汉字或其他可表示的图形符号。

（1）字母

- 小写字母 a～z 共 26 个。
- 大写字母 A～Z 共 26 个。

（2）数字

- 0～9 共 10 个。

（3）空白符

空格符、制表符、换行符等统称为空白符。空白符只在字符常量和字符串常量中起作用。在其他地方出现时，只起间隔作用，编译程序对它们忽略不计。因此在程序中使用空白符与否，对程序的编译不发生影响，但在程序适当的地方使用空白符将增加程序的清晰性和可读性。

（4）标点和特殊字符

2. C 语言词汇

在 C 语言中使用的词汇分为六类：标识符、关键字、运算符、分隔符、常量、注释符等。

（1）标识符

在程序中使用的变量名、函数名、标号等统称为标识符。除库函数的函数名由系统定义外，其余都由用户自定义。C 语言规定，标识符只能是字母（A～Z，a～z）、数字（0～9）、下划线（）组成的字符串，并且其第一个字符必须是字母或下划线。

以下标识符是合法的：

x，y，student，s_1。

以下是一些非法的标识符及相关解释：

5z，以数字开头；

s*T，出现非法字符*；

-5z，以减号开头；

x-2，出现非法字符－(减号)。

在使用标识符时还必须注意以下几点。

第一，标准C不限制标识符的长度，但它受各种版本的C语言编译系统限制，同时也受到具体机器的限制。例如在某版本C中规定标识符前八位有效，当两个标识符前八位相同时，则被认为是同一个标识符。

第二，在标识符中，大小写是有区别的。例如BOOK和book 是两个不同的标识符。

第三，标识符虽然可由程序员随意定义，但标识符是用于标识某个量的符号。因此，命名应尽量有相应的意义，以便于阅读理解，做到"顾名思义"。

（2）关键字

关键字是由C语言规定的具有特定意义的字符串，通常也称为保留字。用户定义的标识符不应与关键字相同。C语言的关键字分为以下几类。

① 类型说明符。用于定义、说明变量、函数或其他数据结构的类型。例如后面程序中用到的int,double等。

② 语句定义符。用于表示一个语句的功能，如后面会讲到的if …else就是条件语句的语句定义符。

③ 预处理命令字。用于表示一个预处理命令，如前面各例中用到的include。

（3）运算符

C语言中含有相当丰富的运算符。运算符与变量、函数一起组成表达式，表示各种运算功能。运算符由一个或多个字符组成。

（4）分隔符

在C语言中采用的分隔符有逗号和空格两种。逗号主要用在类型说明和函数参数表中，分隔各个变量。空格多用于语句各单词之间，做间隔符。在关键字、标识符之间必须要有一个以上的空格符做间隔，否则将会出现语法错误，例如把int a;写成 inta;，C编译器会把inta当成一个标识符处理，其结果必然出错。

（5）常量

C语言中使用的常量可分为数字常量、字符常量、字符串常量、符号常量、转义字符等多种。

（6）注释符

C语言的注释符是以"/*"开头并以"*/"结尾的串。在"/*"和"*/"之间的即为注释。程序编译时，不对注释做任何处理。注释可出现在程序中的任何位置。注释用来向用户提示或解释程序的意义。在调试程序中对暂不使用的语句也可用注释符括起来，使翻译跳过不做处理，待调试结束后再去掉注释符。

1.2.4 WIN-TC集成开发环境的使用

1. 简介

WIN-TC简繁双语版可以正常运行于Windows 98及其以上的简体及繁体Windows操作系统上。WIN-TC是Turbo C 2.0（简称TC 2.0）的一种扩展形式，是在TC 2.0的基础上，增强了系统的兼容性和共享性，允许进行复制粘贴的多项可以用鼠标来操作的功能，比 TC 2.0 使用起来方便。尤其是对于“初学者”来说，与其他的编译器相比较而言，更好上手，易于操作。

WIN-TC 是一个 TC 2 Windows 平台开发工具。该软件使用 TC 2 为内核，提供 Windows 平台的开发界面，因此也就支持 Windows 平台下的功能，例如剪切、复制、粘贴和查找替换等。而且在功能上也有它独特之处，例如语法加亮、C 内嵌汇编、自定义扩展库的支持等。

2. WIN-TC 集成开发环境

运行 WIN-TC 后进入 WIN-TC 集成开发环境如图 1-2 所示。

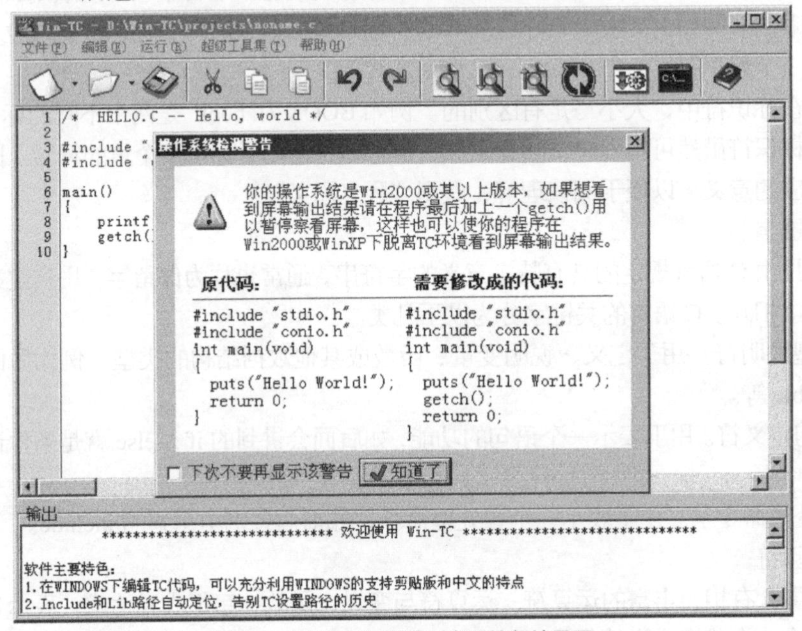

图 1-2 WIN-TC 集成开发环境起始界面

点击“知道了”按钮后进入图 1-3 所示的开发界面。

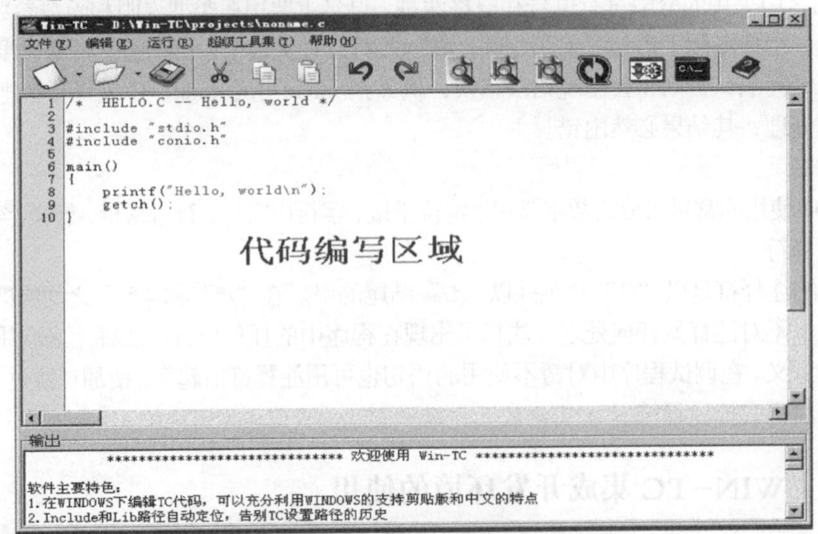

图 1-3 WIN-TC 开发界面

C 语言的程序设计代码是写在代码编写区域内的，当你运行 WIN-TC 后开发环境会自动为你提供一段代码示例，如图 1-3 所示。

3. “文件”菜单

WIN-TC的文件菜单如图1-4所示主要包括以下功能。

（1）新建文件。主要是创建一个空的C语言程序设计环境，在整个代码编写区域内没有任何代码。

（2）使用模板新建。可以使用系统给定的模板来创建C语言程序文件。这里可以使用的模板主要有两个，一个是标准文档模板，这个模板主要是用来创建最基本的类似DOS界面下的输入/输出程序。另一个是BGI图形编程模板，这个模板主要使用C语言的图形函数来编写图形界面程序。

（3）打开文件。根据文件路径打开C语言文件。

（4）保存文件。将所编写的C语言文件进行保存，一般情况下保存为后缀为.c的文件，第一次保存时要求给出文件所保存的路径和文件名称，在以后保存时默认保存。

（5）文件另存为。根据给定的文件保存路径和文件名称对所编写完成的C语言文件进行保存。

（6）历史记录。打开之前运行过的C语言文件，一般保留最近的8次操作记录。

（7）导出为HTML格式。将所编写的代码以HTML格式导出为网页文件。

（8）退出。退出WIN-TC开发环境。

图1-4 WIN-TC开发环境“文件”菜单

4. “编辑”菜单

“编辑”菜单如图1-5所示主要针对代码的编辑工作，具体功能如下。

（1）撤销与重复。撤销用来取消最近的一次代码编写，这里可以一直撤销到最早的一步代码编写工作。而重复则是对撤销的部分进行倒序恢复。

（2）剪切、复制和粘贴。主要负责对代码的可复用性操作，与Word中的操作相同，这样就可以大大减轻程序员书写代码的负担，提高了效率。

（3）全选。将代码编写区域内的代码全部选中。

（4）查找、查找下一个和查找上一个。查找菜单用来设置在代码编写区域中所要查找的内容，并可以在查找设置窗口内进行查找工作。查找下一个是指根据查找设置的查找内容从光标处向下查找最近的与之匹配的内容。查找上一个是指根据查找设置的查找内容从光标处向上查找最近的与之匹配的内容。

（5）替换。弹出替换设置窗口，设置替换为的内容以及要被替换的内容，将两者进行替换。

（6）编辑配置。弹出编辑配置窗口如图 1-6 所示，主要是对 C 语言开发环境的一个配置，包括编辑主设置（例如工具栏图标、工作目录等的设置）、颜色和字体设置（主要是对代码编写区域内所输入的代码进行设置）、输入风格设置（例如 Tab 键的后退长度、大括号后缩进的自动减少等）和新建模板维护（主要是对创建 C 语言文件的模板进行配置）。

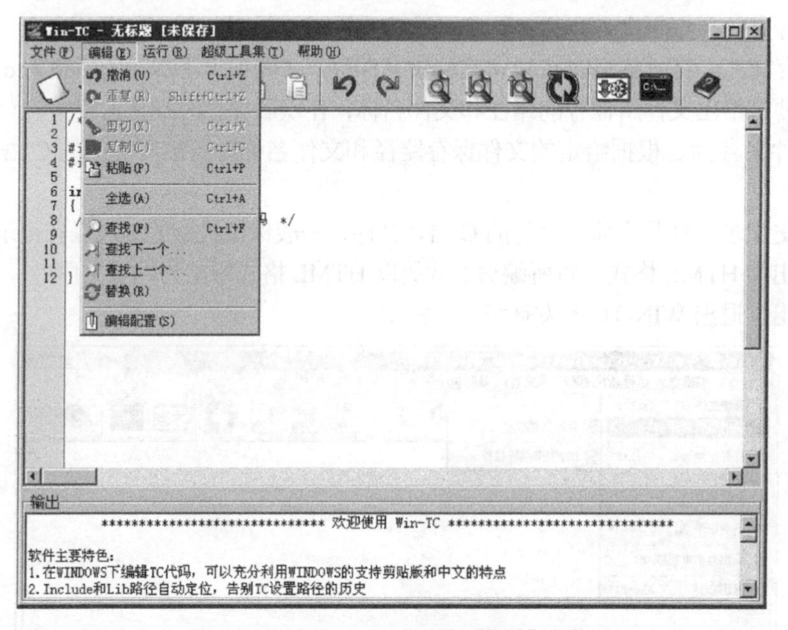

图 1-5 WIN-TC 开发环境的“编辑”菜单

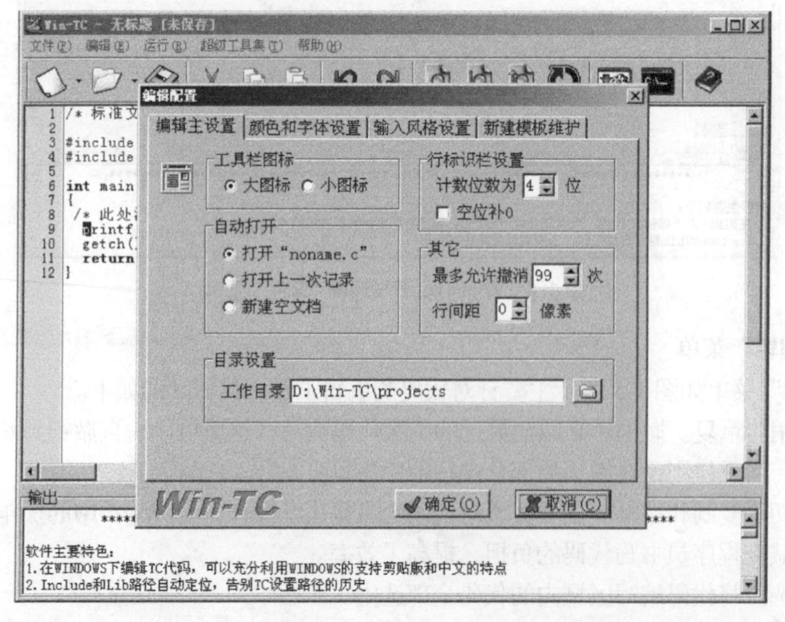

图 1-6 “编辑配置”窗口

5. “运行”菜单

“运行”菜单（见图 1-7）主要是完成执行代码的，具体菜单功能如下。

（1）编译连接。首先将代码翻译成目标文件，然后将目标文件与系统文件（资源、模块等）组合生成可执行文件。

（2）编译连接并运行。首先将代码翻译成目标文件。然后将目标文件与系统文件（资源、模块等）组合生成可执行文件。最后将可执行文件运行得到结果。

（3）编译配置。主要是对文件编译过程中所需设置进行调配，如：内存模式、所生成的文件等的设置，窗口如图 1-8 所示。

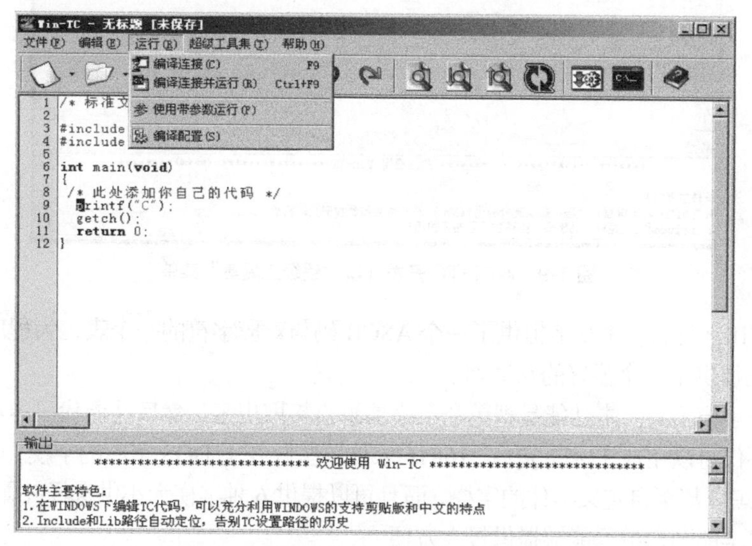

图 1-7 WIN-TC 开发环境“运行”菜单

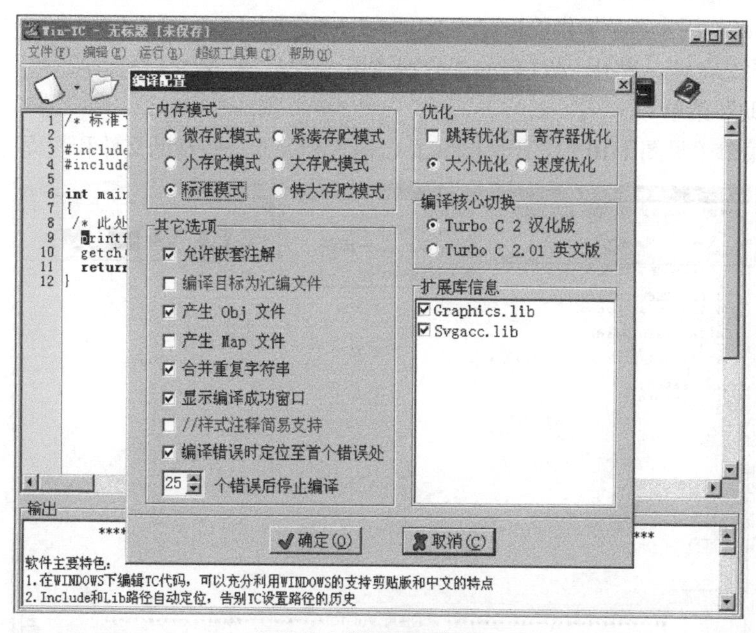

图 1-8 “编译配置”窗口

6. “超级工具集”菜单

“超级工具集”菜单（见图 1-9）具体的菜单功能如下。

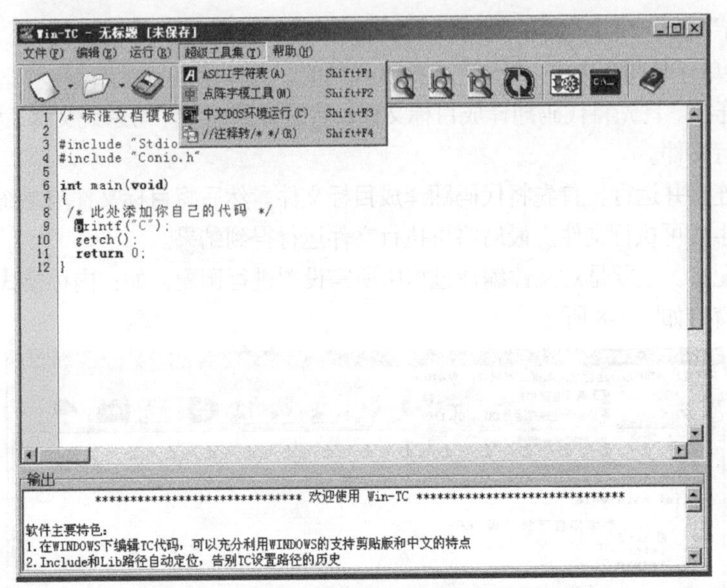

图 1-9　WIN-TC 开发环境“超级工具集”菜单

（1）ASCII 字符表。本功能提供了一个 ASCII 码与对应字符的一个表，为程序设计中使用这些 ASCII 码提供了一个很好的帮助。

（2）点阵字模工具。本功能是把单个字模信息直接取出来，然后在源代码中粘贴。该工具的强大在于不仅可以生成 12×12 宋体、16×16 宋体这些存在于 DOS 字库的字模，而且可以生成 16×16 楷体、黑体甚至自定义字体的字模，而且可以提供 6 种字模大小供选择并即时预览效果！对使用少量汉字的图形编程能够提供极大方便。

（3）中文 DOS 环境运行。一般情况下 WIN-TC 不支持在 DOS 环境下的中文输出，要想实现中文输出可以使用本菜单提供的功能。

（4）//注释转/**/ 。将用“//”注释的部分转换用“/**/”来进行注释。

7．“帮助”菜单

“帮助”菜单（见图 1-10）主要是提供了 C 语言相关的一些帮助文件和教程。

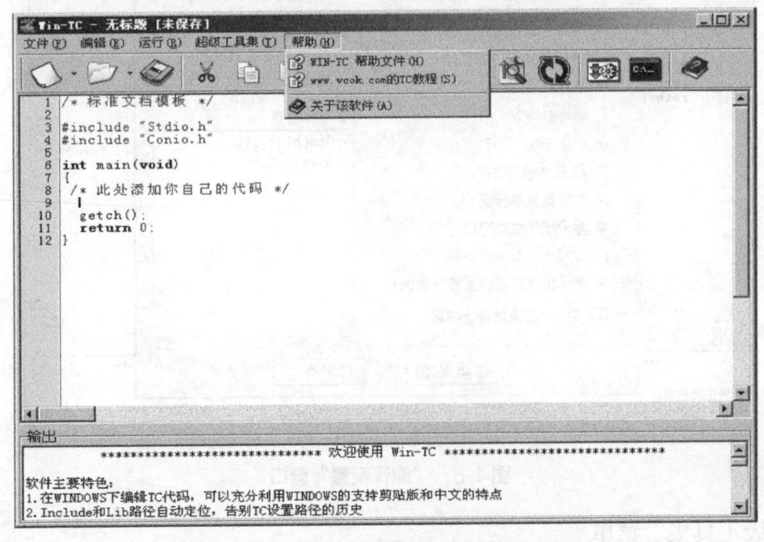

图 1-10　WIN-TC 开发环境“帮助”菜单

8. “输出”窗口

“输出”窗口（见图 1-11）主要负责开发环境中进行程序设计过程所提示的相关信息，这里要强调的是我们所最关心的是在程序编译执行后，这里会给出程序的一些语法错误提示，这些提示对于“初学者”来说显得尤为重要，因为这里提示的错误往往都是“初学者”最容易犯的错误，根据这些错误提示你能很快地找到错误出现的位置加以改正，这一点在程序的维护上是很重要的。

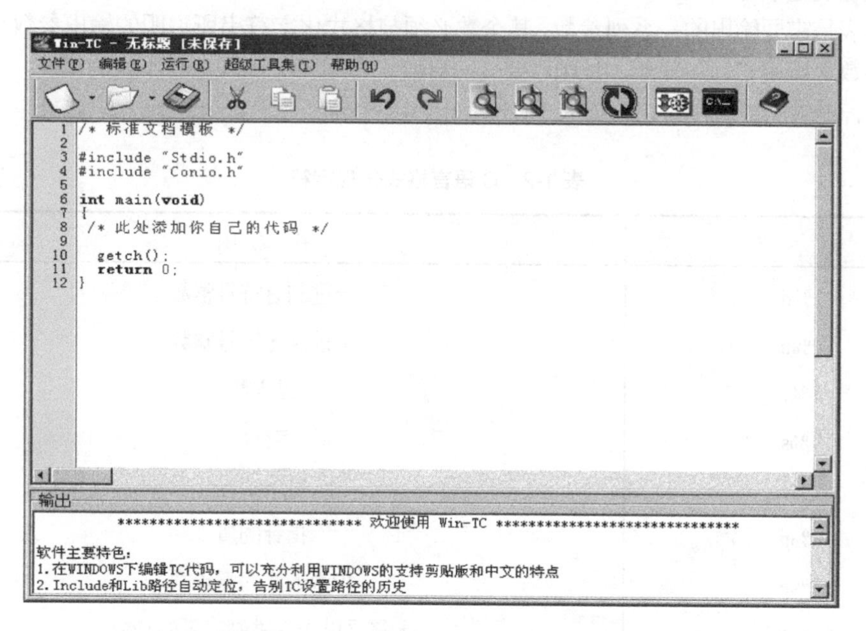

图 1-11　WIN-TC 开发环境“输出”窗口

1.2.5　C 语言书写规范

对于 C 语言的书写规范不同的开发公司可能略有不同，但大体上应该是一致的，对于一个真实的项目而言代码量是很大的，因此程序测试的难度就会增加，这样一个规范的书写格式就会很好地提高工作效率。从书写清晰，便于阅读理解和维护的角度出发，在书写程序时应遵循以下规则。

（1）一个说明或一个语句占一行。

（2）用“{}”括起来的部分，通常表示了程序的某一层次结构。“{}”一般与该结构语句的第一个字母对齐，并单独占一行。

（3）低一层次的语句或说明可比高一层次的语句或说明缩进若干格后书写，以便看起来更加清晰，增加程序的可读性。

在编程时应力求遵循这些规则，以养成良好的编程风格。

1.2.6　标准输出函数

C 语言提供的常用的标准输出函数是 printf()函数。printf()函数用来向标准输出设备（屏幕）写数据，下面详细介绍这个函数的用法。

printf()函数是格式化输出函数，一般用于向标准输出设备按规定格式输出信息。在编写程序时经常会用到此函数。

printf()函数的调用格式为：

printf("<格式化字符串>", <参量表>);

其中格式化字符串包括两部分内容：一部分是正常字符，这些字符将按原样输出；另一部分是格式化规定字符，以“%”开始， 后跟一个或几个规定字符，用来确定输出内容的格式。

参量表是需要输出的一系列参数，其个数必须与格式化字符串所说明的输出参数个数一样多，各参数之间用“，”分开，且顺序要一一对应，否则将会出现意想不到的错误。

C 语言提供的格式化规定符如表 1-2 所示。

表 1-2　C 语言格式化规定符

符　号	作　用
%d	十进制有符号整数
%u	十进制无符号整数
%f	浮点数
%s	字符串
%c	单个字符
%p	指针的值
%e	指数形式的浮点数
%x, %X	无符号以十六进制表示的整数
%0	无符号以八进制表示的整数
%g	自动选择合适的表示法

【例 1.1】标准输出函数示例。

程序代码：

```
#include "stdio.h"
#include "conio.h"
void main(void)
{
    int a=-10;/*定义整型变量 a 并赋值-10*/
    float f=3.1415;/*定义浮点型变量 f 并赋值 3.1415*/
    char ch='c';/*定义字符型变量 ch 并赋值 c*/
    int b=10;/*定义整型变量 b 并赋值 10*/
    printf("1: %d",a); /*十进制有符号整数*/
    printf("\n");    /*换行*/
    printf("2: %u",a); /*十进制无符号整数*/
    printf("\n");    /*换行*/
    printf("3: %f",f); /*浮点数*/
```

```
    printf("\n");   /*换行*/
    printf("4: %.4f",f); /*浮点数,小数点后保留 4 位*/
    printf("\n");   /*换行*/
    printf("5: %c",ch); /*字符型*/
    printf("\n");   /*换行*/
    printf("6: %x",b); /*无符号以十六进制表示的整数*/
    printf("\n");   /*换行*/
    printf("7: %o",b); /*无符号以八进制表示的整数*/
    printf("\n");   /*换行*/
    getch();

}
```

运行结果：

```
Output:
1: -10
2: 65526
3: 3.141500
4: 3.1415
5: c
6: a
7: 12
```

习　题

一、选择题

1. 一个 C 程序的执行是从（　　）。
   A. 本程序的 main 函数开始，到 main 函数结束
   B. 本程序文件的第一个函数开始，到本程序文件的最后一个函数结束
   C. 本程序的 main 函数开始，到本程序文件的最后一个函数结束
   D. 本程序文件的第一个函数开始，到本程序的 main 函数结束
2. 在 C 语言中，每个语句必须以（　　）结束。
   A. Enter 键
   B. 冒号
   C. 逗号
   D. 分号
3. C 语言规定：在一个源程序中，main 函数的位置（　　）。
   A. 必须在最开始
   B. 必须在系统调用的库函数的后面
   C. 可以任意
   D. 必须在最后

4. 一个C语言程序是由（　　）。

A. 一个主程序和若干子程序组成

B. 函数组成

C. 若干过程组成

D. 若干子程序组成

5. 下列说法中错误的是（　　）。

A. 主函数可以分为两个部分：主函数说明部分和主函数体

B. 主函数可以调用任何非主函数的其他函数

C. 任何非主函数可以调用其他任何非主函数

D. 程序可以从任何非主函数开始执行

6. 用C语言编写的源文件经过编译，若没有产生编译错误，则系统将（　　）。

A. 生成可执行目标文件

B. 生成目标文件

C. 输出运行结果

D. 自动保存源文件

二、填空题

1. C语言只有__________个关键字和__________种控制语句。

2. 每个源程序有且只有一个 __________ 函数，系统总是从该函数开始执行C语言程序。

3. C语言程序的注释可以出现在程序中的任何地方，它总是以__________符号作为开始标记，以__________符号作为结束标记。

4. C语言中，格式输入操作是由库函数__________完成的，格式输出操作是由库函数 __________完成的。

5. 系统默认的C语言源程序文件的扩展名是__________，经过编译后生成的目标文件的扩展名是__________，经过连接后生成的可执行文件的扩展名是__________。

6. C语言的标识符只能由字母、__________和__________三种字符组成。

三、编程题

利用标准输出函数打印下面图形。

```
*
**
***
****
*****
******
```

PART 2

项目 2 程序设计之初体验

学习目标

- 熟悉开发环境、程序基本结构
- 掌握 C 语言的基本数据类型
- 掌握 C 语言的各种表达式的使用

你所要回顾的

在学习本项目之前，让我们来回顾一下上个项目讲解的内容。在上个项目中首先了解了 C 语言的历史以及它的特点，我们知道了 C 语言是过程化设计语言。我们又了解了程序是在编译器中进行设计的，通过编译器进行编译连接转换成为机器语言最后在计算机上运行。熟悉了 WIN-TC 开发环境，还了解了程序的基本构成和执行顺序，这里重要的知识点是一个程序中有且只能有一个主函数，它是程序运行的入口。简单触碰了一下“函数”这个概念，同时学习了 C 语言中的一个标准输出函数 printf ( ) 函数的基本使用方法。

你所要展望的

前面我们回顾了一些学过的知识，接下来聊聊我们要展望的，应用在本项目中的新知识。程序绝不会只仅仅停留在简单的输出“C I Love You”这个层面上的，肯定要有更高的追求，比如说我们想从键盘输入两个数，运算一下，把结果输出。输出可以用输出函数来实现，那输入也可以用输入函数来实现。输入的数放在程序的哪里呢？“变量”就是用来在程序中保存数据的。数据有很多的类型，同理变量也有类型。不同类型的变量存放不同的数据。数据运算要通过运算符进行连接形成表达式。这些就是本项目所要学习的内容了。学会了这些，你对程序也就有了一个初步的认识了。

2.1 任务 1 加法器

2.1.1 现在你要做的事情

要求程序具有以下功能。

（1）由键盘输入两个整数进行求和。

（2）由键盘输入两个浮点数进行求和。

（3）由键盘输入两个字符进行求和，并用字符和数字两种形式显示结果。

2.1.2 参考的执行结果

（1）输入一个整数按 Enter 键，输入第二个整数按 Enter 键得到如图 2-1 所示的结果。

```
input first int number:1
input second int number:2
x+y=3
input first float number:_
```

图 2-1 求两个整数和结果图

（2）输入一个浮点数按 Enter 键，输入第二个浮点数按 Enter 键得到如图 2-2 所示的结果。

```
input first int number:1
input second int number:2
x+y=3
input first float number:1.1
input second float number:2.2
f1+f2=3.300000
input first char number:input second char number:
```

图 2-2 求两个浮点数和结果图

（3）输入一个字符按 Enter 键，输入第二个字符按 Enter 键得到如图 2-3 所示的结果。

```
input first int number:1
input second int number:2
x+y=3
input first float number:1.1
input second float number:1.2
f1+f2=2.300000
input first char number:A
input second char number:m
char: ch1+ch2=«
int: ch1+ch2=174
_
```

图 2-3 两个字符求和结果图

2.1.3 我给你的提示

本次任务要计算 3 种不同类型的数据和，而且这些数据是要通过键盘任意给出的，这样在程序中就要有存储的东西，这个东西就是变量，因此我们在程序的最开始部分要定义这样一组变量：

```
int x; /*定义整型变量 x*/
int y; /*定义整型变量 y*/
int sum1;/*用来保存变量 x 和变量 y 的和的整型变量*/
```

```
float f1;/*定义浮点数类型变量 f1*/
float f2;/*定义浮点数类型变量 f2*/
float sum2;/*用来保存浮点类型变量 f1 和 f2 的和的浮点类型变量*/
char ch1;/*定义字符类型变量 ch1*/
char ch2;/*定义字符类型变量 ch2*/
int  sum3;/*用来保存字符型变量 ch1 和 ch2 的变量*/
```

这里还要注意的是：在C语言程序设计中所需的变量要在程序的最开始一次定义好后再去使用，也就是说不允许在程序设计过程中根据临时的需要来随意地定义变量。这一点在进行后面学习的高级语言，例如C++程序设计语言、Java程序设计语言等时已不做要求，也就是说你可以在程序的任何位置定义所需要的变量。

为了提示操作者接下来要干什么，所以程序中要使用printf()函数给出提示信息：

```
/*输出提示信息：输入第一个整型数*/
printf("input first int number:");
```

这一点也很重要，因为我们运行的结果是在 DOS 模式下输出的，不给出提示，操作者根本就不知道要干什么，即使是开发者自己，时间长了以后不看源程序也会很迷茫的，现在费点事以后就省事了。

接下来是输入数据：

```
/*将输入的整型数赋值给变量 x*/
scanf("%d",&x);
```

这里要特别注意的是输入函数的参数中变量的前面一定要加上取地址符号“&”，这与输出函数有所不同，具体为什么？会在技术支持里面详细介绍。这个地方也是“初学者”经常犯错的地方。

将数据输入到相关变量后就是运算和结果的输出了：

```
/*x 与 y 做求和运算，将结果赋值给 sum1*/
sum1=x+y;
/*输出整型变量 x 与 y 的和*/
printf("x+y=%d\n",sum1);
```

求和表达式 sum1=x+y，先计算等号后面的 x+y，然后再将结果赋值给 sum1。这里强调一下等号前面一定是变量，而不能是常量或表达式，因为等号前面要等着接收数据。

程序中还有一个新的函数 fflush(stdin)，作用是清空输入缓冲区，为什么要用它呢？因为scanf()函数是从标准输入缓冲区中读取输入的数据，而“%c”的字符输入格式会接收回车字符，在输入第一个 scanf()时输入字符后按 Enter 键结束，输入缓冲区中保存了这个回车符，遇到第二个 scanf()时，它会自动把这个回车符赋给 ch2。而如果第二个 scanf()的输入格式不是“%c”时，由于格式不匹配，这个回车符会被自动忽略，只有在连续输入两个“%c”的格式时才会出现这样的问题。所以在进行字符输入的时候要在每一个 scanf()函数前加上 fflush(stdin)函数，用来清空输入缓冲区。

字符变量也可以进行加减运算，把字符变量转换成 ASCII 码就能进行运算了，你一定还记得上一项目介绍 WIN-TC 开发环境的时候，说明过有一个菜单专门给出了一张 ASCII 码与字符的对照表，这个表给出了每一个字符所对应的ASCII码值。所以当字符型变量进行加减运算时，如果按字符类型输出，就是字符；按整型输出的话就是字符所对应的ASCII码值了。

后面的设计就是重复性工作了，你看一下下面的程序代码就能很清楚了。

2.1.4 验证成果

以下是本任务的程序代码，仅供参考：

```
#include "stdio.h"
#include "conio.h"
void main(void)
{
    /*定义整型变量 x*/
    int x;
    /*定义整型变量 y*/
    int y;
    /*用来保存变量 x 和变量 y 的和的整型变量*/
    int sum1;
    /*定义浮点数类型变量 f1*/
    float f1;
    /*定义浮点数类型变量 f2*/
    float f2;
    /*用来保存浮点类型变量 f1 和 f2 的和的浮点类型变量*/
    float sum2;
    /*定义字符类型变量 ch1*/
    char ch1;
    /*定义字符类型变量 ch2*/
    char ch2;
    /*用来保存字符型变量 ch1 和 ch2 的变量*/
    int  sum3;
    /*输出提示信息：输入第一个整型数*/
    printf("input first int number:");
    /*将输入的整型数赋值给变量 x*/
    scanf("%d",&x);
    /*输出提示信息：输入第二个整型数*/
    printf("input second int number:");
    /*将输入的整型数赋值给变量 y*/
    scanf("%d",&y);
    /*x 与 y 做求和运算，将结果赋值给 sum1*/
    sum1=x+y;
    /*输出整型变量 x 与 y 的和*/
    printf("x+y=%d\n",sum1);
```

```
    /*输出提示信息：输入第一个浮点数*/
    printf("input first float number:");
    /*将输入的浮点数赋值给变量 f1*/
    scanf("%f",&f1);
    /*输出提示信息：输入第二个浮点数*/
    printf("input second float number:");
    /*将输入的浮点数赋值给变量 f2*/
    scanf("%f",&f2);
    /*f1 与 f2 做求和运算，将结果赋值给 sum2*/
    sum2=f1+f2;
    /*输出浮点类型变量 f1 与 f2 的和*/
    printf("f1+f2=%f\n",sum2);
    /*C 语言清空输入缓冲区函数*/
    fflush(stdin);
    /*输出提示信息：输入第一个字符*/
    printf("input first char number:");
     /*将输入的字符赋值给变量 ch1*/
    scanf("%c",&ch1);
    /*C 语言清空输入缓冲区函数*/
    fflush(stdin);
    /*输出提示信息：输入第二个字符*/
    printf("input second char number:");
    /*将输入的字符赋值给变量 ch2*/
    scanf("%c",&ch2);
    /*ch1 与 ch2 做求和运算，将结果赋值给 sum3*/
    sum3=ch1+ch2;
    /*以字符的形式输出 ch1 与 ch2 的和*/
    printf("char: ch1+ch2=%c\n",sum3);
    /*以数字的形式输出 ch1 与 ch2 的和*/
    printf("int: ch1+ch2=%d\n",sum3);
    getch();
}
```

2.2 任务 2 三位数的拆分

2.2.1 现在你要做的事情

要求程序具有以下功能。

（1）输入一个任意的三位数。

（2）首先输出这个三位数百位上的数字。

（3）然后输出这个三位数十位上的数字。

（4）最后输出这个三位数个位上的数字。

2.2.2 参考的执行结果

输入一个三位数，按 Enter 键得到如图 2-4 所示的结果。

```
input  number:123
x=1
y=2
z=3
```

图 2-4 三位数拆分结果图

2.2.3 我给你的提示

本次任务要将一个三位数进行拆分，分别求取它百位上的数字、十位上的数字和个位上的数字。比如输入的三位数是 123，输出的结果就应该是百位数是 1，十位数是 2，个位数是 3。

我们按如下所示来算。

（1）123 除以 100 取整正好是 1，也就是百位上的数字，因此有了下面的代码：

```
/*三位数除 100 取整数就是三位数百位上的数字*/
x=s/100;
```

（2）123 除以 100 取余数是 23，也就是除百位数字后剩余的数，因此有了下面的代码：

```
/*三位数除 100 取余数就是剩余的两位数*/
temp=s%100;
```

（3）23 除以 10 取整数部分是 2，也就是十位上的数字，因此有了下面的代码：

```
/*剩余两位数除 10 取整是十位数字*/
y=temp/10;
```

（4）23 除以 10 取余数部分是 3，也就是个位上的数字，因此有了下面的代码：

```
/*剩余两位数除 10 取余是个位数字*/
z=temp%10;
```

最后将结果输出就可以了。

2.2.4 验证成果

以下是本任务的程序代码，仅供参考。

```
#include "stdio.h"
#include "conio.h"
void main(void)
```

```
{
    int s; /*定义整型变量 s 存储输入的三位数*/
    int x; /*定义整型变量 x 存储百位上的数字*/
    int y; /*定义整型变量 y 存储十位上的数字*/
    int z; /*定义整型变量 z 存储个位上的数字*/
    int temp;/*定义整型变量 temp 存储临时数据*/
    /*输出提示信息：请输入数据*/
    printf("input  number:");
    /*将输入的数赋值给变量 s*/
    scanf("%d",&s);
    /*三位数除 100 取整数就是三位数百位上的数字*/
    x=s/100;
    /*三位数除 100 取余数就是剩余的两位数*/
    temp=s%100;
    /*剩余两位数除 10 取整是十位数字*/
    y=temp/10;
    /*剩余两位数除 10 取余是个位数字*/
    z=temp%10;
    /*输出百位上的数字*/
    printf("x=%d\n",x);
    /*输出十位上的数字*/
    printf("y=%d\n",y);
    /*输出个位上的数字*/
    printf("z=%d\n",z);
    getch();
}
```

2.3 技术支持

2.3.1 标准输出函数

scanf()函数是格式化输入函数，它从标准输入设备（键盘）读取输入的信息。其调用格式为：

scanf("<格式化字符串>", <地址表>);

格式化字符串包括以下 3 类不同的字符。

（1）格式化说明符：格式化说明符与 printf()函数中的格式说明符基本相同。

（2）空白字符：空白字符会使 scanf()函数在读操作中略去输入中的一个或多个空白字符。

（3）非空白字符：一个非空白字符会使 scanf()函数在读入时剔除掉与这个非空白字符相同的字符。

地址表是需要读入的所有变量的地址，而不是变量本身，程序要根据变量的地址来确定变量在内存中的位置，然后将数据送到这个地址的内存中。这与 printf()函数完全不同，要特别注意。各个变量的地址之间用“，”分开。

例如下面程序：

```
void   main()
{
      int i, j;
      printf("i, j= \n");
      scanf("%d, %d", &i, &j);
}
```

上例中的 scanf()函数先读一个整型数，然后把接着输入的逗号剔除掉，最后读入另一个整型数。如果“,”这一特定字符没有找到，scanf()函数就终止。若参数之间的分隔符为空格，则参数之间必须输入一个或多个空格。

说明:

（1） 对于字符串数组或字符串指针变量，由于数组名和指针变量名本身就是地址，因此使用 scanf()函数时，不需要在它们前面加上“&”操作符。

例如下面程序（这里你看不懂没关系，先知道，后期学到指针和数组就懂了）：

```
mian()
{
    char *p, str[20];
    scanf("%s", p);              /*从键盘输入字符串*/
    scanf("%s", str);
    printf("%s\n", p);           /*向屏幕输出字符串*/
    printf("%s\n", str);
}
```

（2） 可以在格式化字符串中的“%”与格式化规定符之间加入一个整数，表示任何读操作中的最大位数。

如上例中若规定只能输入 10 个字符给字符串指针 p，则第一条 scanf() 函数语句变为

```
scanf("%10s", p);
```

程序运行时一旦输入字符个数大于 10，p 就不再继续读入，而后面的一个读入函数即 scanf("%s", str)就会从第 11 个字符开始读入。

实际使用 scanf()函数时存在一个问题，下面举例进行说明。当使用多个 scanf()函数连续给多个字符变量输入时，例如：

```
main()
{
     char c1, c2;
     scanf("%c", &c1);
     scanf("%c", &c2);
```

```
    printf("c1 is %c, c2 is %c", c2, c2);
}
```

运行该程序，输入一个字符 A 后按 Enter 键（要完成输入必须回车），在执行 scanf（"%c", &c1）时，给变量 c1 赋值 A，但回车符仍然留在缓冲区内，执行输入语句 scanf("%c", &c2)时，变量 c2 输出的是一空行，如果输入 AB 后回车，那么输出结果为：c1 is A, c2 is B。为什么会出现这样的结果呢，请大家思考。

2.3.2 数据基本类型

在项目中，我们只介绍数据类型的说明，其他说明在以后的项目中陆续介绍。数据类型是按被定义变量的性质、表示形式、占据存储空间的多少和构造特点来划分的。在C语言中，数据类型可分为：基本数据类型、构造数据类型、指针类型和空类型 4 大类。

（1）基本数据类型：基本数据类型最主要的特点是，不可以再分解为其他类型，也就是说，基本数据类型是自我说明的，例如整型。

（2）构造数据类型：构造数据类型是根据已定义的一个或多个数据类型用构造的方法来定义的。一个构造类型的值可以分解成若干个"成员"或"元素"。每个"成员"都是一个基本数据类型或是一个构造类型。在 C 语言中，构造类型有数组类型、结构体类型和共用体（联合）类型。

（3）指针类型：指针是一种特殊的，同时又是具有重要作用的数据类型。其值用来表示某个变量在内存中的地址。虽然指针变量的取值类似于整型变量，但这是两个类型完全不同的变量，因此不能混为一谈。

（4）空类型：在调用函数时，通常应向调用者返回一个函数值。这个返回的函数值是具有一定的数据类型的，应在函数定义及函数说明中给以说明。但是，也有一类函数，调用后并不需要向调用者返回函数值，这种函数可以定义为"空类型"，其类型说明符为 void。在后面函数中还要做详细介绍。

1. 常量与变量

对于基本数据类型量，按其取值是否可改变又分为常量和变量两种。程序设计中常量就是数值不可以再改变的量，而变量是数值可以发生改变的量。它们可与数据类型结合起来分类。例如，可分为整型常量、整型变量、浮点常量、浮点变量、字符常量、字符变量、枚举常量、枚举变量。在程序中，常量是可以不经说明而直接引用的，而变量则必须先定义后使用。

① 直接常量：也就是我们常用的数，例如以下几种。

- 整型常量（有符号和无符号）：1、0、－1；
- 实型常量（有符号和无符号）：3.14、－2.23；
- 字符常量：h、y。
- 字符串常量：student。

注意：

字符常量是单引号引起来的单个字符，字符串常量是双引号引起来的单个或多个字符。

② 标识符：用来标识变量名、符号常量名、函数名、数组名、类型名、文件名的有效字符序列。

③ 符号常量：用标识符代表一个常量。在 C 语言中，可以用一个标识符来表示一个常量，称之为符号常量。

符号常量在使用之前必须先定义，其一般形式为：

```
#define 标识符 常量
#define  PI   3.14
```

其中#define 是一条预处理命令（预处理命令都以“#”开头），也称为宏定义命令（在后面预处理程序中将进一步介绍），其功能是把该标识符定义为其后的常量值。一经定义，以后在程序中所有出现该标识符的地方均代之以该常量值，它的值在其作用域内不能改变，也不能再被赋值。符号常量的定义一般都定义在主函数的前面，同时命名通常采用大写字母和表示意义的名字。

使用符号常量有非常好的用处。一个是见到名字就知道用意。另一个好处就是在程序后期的维护中只需要改动定义时候的符号常量的值，整个程序中使用符号常量的地方就都改变了。

2. 整型数据

（1）整型常量的表示方法

整型常量就是整常数。在 C 语言中，使用的整常数有十进制、八进制和十六进制 3 种。

① 十进制整常数：十进制整常数没有前缀，其数值为 0 ~ 9。

以下是合法的十进制整常数：

237、−568、65535、1627；

以下不是合法的十进制整常数：

023（不能有前导 0）、23D（含有非十进制数值）。

在程序中是根据前缀来区分各种进制数的，因此在书写常数时不要把前缀弄错造成结果不正确。

② 八进制整常数：八进制整常数必须以 0 开头，即以 0 作为八进制数的前缀。取值为 0 ~ 7，八进制数通常是无符号数。

以下是合法的八进制数：

015（十进制为 13）、0101（十进制为 65）、0177777（十进制为 65535）；

以下不是合法的八进制数：

256（无前缀 0）、03A2（包含了非八进制数值）、-0127（出现了负号）。

③ 十六进制整常数：十六进制整常数的前缀为 0X 或 0x，其数值取值为 0~9，A~F 或 a~f。

以下是合法的十六进制整常数：

0X2A（十进制为 42）、0XA0（十进制为 160）、0XFFFF（十进制为 65535）；

以下不是合法的十六进制整常数：

5A （无前缀 0X）、0X3H （含有非十六进制数值）。

④ 整型常数的后缀：在 16 位字长的机器上，基本整型的长度也为 16 位，因此表示的数的范围也是有限的。十进制无符号整常数的范围为 0 ~ 65535，有符号数为 −32768 ~ +32767。八进制无符号数的表示范围为 0 ~ 0177777。十六进制无符号数的表示范围为 0X0 ~ 0XFFFF 或 0x0 ~ 0xFFFF。如果使用的数超过了上述范围，就必须用长整型数来表示。长整型数是用后缀 L 或 l 来表示的。

例如，

十进制长整常数：

158L（十进制为 158）、358000L（十进制为 358000）；

八进制长整常数：

012L（十进制为 10）、077L（十进制为 63）、0200000L（十进制为 65536）；

十六进制长整常数：

0X15L（十进制为21）、0XA5L（十进制为165）、0X10000L（十进制为65536）。

长整数158L和基本整常数158 在数值上并无区别。但对158L，因为是长整型量，C编译系统将为它分配4个字节存储空间。而对158，因为是基本整型，只分配两个字节的存储空间。因此在运算和输出格式上要予以注意，避免出错。

无符号数也可用后缀表示，整型常数的无符号数的后缀为U或u。

例如：358u，0x38Au，235Lu均为无符号数。

前缀、后缀可同时使用，以表示各种类型的数。如 0XA5Lu 表示十六进制无符号长整数A5，其十进制为165。

（2）整型变量

整型变量一般分为以下4类。

① 基本型：类型说明符为int，在内存中占两个字节。

② 短整型：类型说明符为short int或short，所占字节和取值范围均与基本型相同。

③ 长整型：类型说明符为long int或long，在内存中占4个字节。

④ 无符号型：类型说明符为unsigned。

无符号型又可与上述三种类型匹配而成。

- 无符号基本型：类型说明符为unsigned int或unsigned。
- 无符号短整型：类型说明符为unsigned short。
- 无符号长整型：类型说明符为unsigned long。

各种无符号类型量所占的内存空间字节数与相应的有符号类型量相同。但由于省去了符号位，故不能表示为负数。

表2-1所示为C语言中各类整型量所分配的内存字节数及数的表示范围。

表2-1 内存字节数及范围

类型说明符	数的范围	字节数
int	−32768~32767，即 -2^{15}~（$2^{15}-1$）	2
unsigned int	0~65535，即 0~（$2^{16}-1$）	2
short int	−32768~32767，即 -2^{15}~（$2^{15}-1$）	2
unsigned short int	0~65535，即 0~（$2^{16}-1$）	2
long int	−2147483648~2147483647，即 -2^{31}~（$2^{31}-1$）	4
unsigned long	0~4294967295，即 0~（$2^{32}-1$）	4

变量定义的一般形式为：

```
类型说明符  变量名标识符，变量名标识符，…；
int   x,y,z;  /*定义整型变量x,y,z*/
long   h,k;   /*定义长整型变量h,k*/
```

注意：

（1）一个类型说明符后，可以定义多个相同类型的变量。各变量名之间用逗号间隔。类型说明符与变量名之间至少用一个空格间隔，最后一个变量名之后必须以“;”号结尾。

（2）变量要先定义后再使用，C 语言中变量要在函数最前面定义完成，不能在程序的任意位置定义变量。

（3）变量的名字由字母、数字和下画线构成，其中数字不能开头。

3．实型数据

（1）实型常量

实型也称为浮点型，实型常量也称为实数或者浮点数。在 C 语言中，实数只采用十进制。它有两种形式：十进制小数形式和指数形式。

① 十进制数形式：由数值 0~9、小数点和符号组成。

例如：

0.0、25.0、5.789、0.13、5.0、300、−267.8230。

等均为合法的实数。注意，必须有小数点。

② 指数形式：由十进制数，加阶码标志 e 或 E 以及阶码（只能为整数，可以带符号）组成。其一般形式为：

aEn（a 为十进制数，n 为十进制整数），其值为 $a*10^n$。

如：

2.1E5（等于 $2.1*10^5$）、3.7E−2（等于 $3.7*10^{-2}$）、0.5E7（等于 $0.5*10^7$）、−2.8E−2（等于 $-2.8*10^{-2}$）。

以下不是合法的实数：

345（无小数点）、E7（阶码标志 E 之前无数字）、−5（无阶码标志）、53. −E3 （负号位置不对）、2.7E（无阶码）。

标准 C 允许浮点数使用后缀。后缀为 f 或 F，即表示该数为浮点数，如 356f 和 356F 是等价的。

（2）实型变量

实型数据一般占 4 个字节（32 位）内存空间，按指数形式存储。实数 3.14159 在内存中的存放形式如下：

+	.314159	1
数符	小数部分	指数

小数部分占的位（bit）数越多，有效数字越多，精度越高。指数部分占的位数越多，则能表示的数值范围愈大。

实型变量分为：单精度（float 型）、双精度（double 型）和长双精度（long double 型）三类。

在 C 语言中单精度型占 4 个字节（32 位）内存空间，其数值范围为 3.4E−38 ~ 3.4E+38，只能提供七位有效数字。双精度型占八个字节（64 位）内存空间，其数值范围为 1.7E−308 ~ 1.7E+308，可提供 16 位有效数字，如表 2-2 所示。

表 2-2 数据类型

类型说明符	比特数（字节数）	有效数字	数的范围
float	32（4）	6~7	10^{-37}~10^{38}
double	64（8）	15~16	10^{-307}~10^{308}
long double	128（16）	18~19	10^{-4931}~10^{4932}

实型变量定义的格式和书写规则与整型相同。

例如：

```
float f; /*定义单精度实型量 f*/
```

4．字符型数据

（1）字符常量

字符常量是用单引号括起来的一个字符。

例如：

```
'a'、'b'、'='、'+'、'?'
```

都是合法字符常量。

在 C 语言中，字符常量有以下特点：

① 字符常量只能用单引号括起来，不能用双引号或其他括号；

② 字符常量只能是单个字符，不能是字符串；

③ 字符可以是字符集中任意字符。但数字被定义为字符常量之后就不能参与数值运算。如'5'和 5 是不同的。'5'是字符常量，不能参与运算。

转义字符是一种特殊的字符常量。转义字符以反斜线"\"开头，后跟一个或几个字符。转义字符具有特定的含义，不同于字符原有的意义，故称"转义"字符。例如，在前面各例题 printf 函数的格式串中用到的"\n"就是一个转义字符，其意义是"回车换行"。转义字符主要用来表示那些用一般字符不便于表示的控制代码，如表 2-3 所示。

表 2-3 常用的转义字符及其含义

转义字符	转义字符的意义	ASCII 代码
\n	回车换行	10
\t	横向跳到下一制表位置	9
\b	退格	8
\r	回车	13
\f	走纸换页	12
\\	反斜线符"\"	92
\'	单引号符	39
\"	双引号符	34
\a	鸣铃	7
\ddd	1～3 位八进制数所代表的字符	
\xhh	1～2 位十六进制数所代表的字符	

广义地讲，C 语言字符集中的任何一个字符均可用转义字符来表示。表中的\ddd 和\xhh 正是为此而提出的。ddd 和 hh 分别为八进制和十六进制的 ASCII 代码。如\101 表示字母 A，\102 表示字母 B，\134 表示反斜线，\XOA 表示换行等。

（2）字符变量

字符变量用来存储字符常量，即单个字符。

字符变量的类型说明符是 char。字符变量类型定义的格式和书写规则都与整型变量相同。例如：

```
char ch;
```

每个字符变量被分配一个字节的内存空间，因此只能存放一个字符。字符值是以 ASCII 码的形式存放在变量的内存单元之中的。

如 x 的十进制 ASCII 码是 120，y 的十进制 ASCII 码是 121。对字符变量 ch1、ch2 赋予'x'和'y'值：

```
ch1='x';
ch2='y';
```

实际上是在 ch1、ch2 两个单元内存放 120 和 121 的二进制代码。

所以也可以把它们看成是整型量。C 语言允许对整型变量赋以字符值，也允许对字符变量赋以整型值。在输出时，允许把字符变量按整型量输出，也允许把整型量按字符量输出。如下面的程序代码：

```
main()
{
  char a,b;
  a='a';
  b='b';
  a=a-32;
  b=b-32;
  printf("%c,%c\n%d,%d\n",a,b,a,b);
}
```

本程序中，a、b 被说明为字符变量并赋予字符值。C语言允许字符变量参与数值运算，即用字符的 ASCII 码参与运算。由于大小写字母的 ASCII 码相差 32，因此运算后把小写字母换成大写字母，然后分别以整型和字符型输出。

5. 字符串常量

字符串常量是由一对双引号括起的字符序列。例如："CHINA"，"C program"，"a" 等都是合法的字符串常量。

字符串常量和字符常量是不同的量。它们之间的区别如下。

① 字符常量由单引号括起来，字符串常量由双引号括起来。

② 字符常量只能是单个字符，字符串常量则可以含一个或多个字符。

③ 可以把一个字符常量赋予一个字符变量，但不能把一个字符串常量赋予一个字符变量。在C语言中没有相应的字符串变量，这是与 BASIC 语言不同的。但是可以用一个字符数组来存放一个字符串常量。在数组一章将予以介绍。

④ 字符常量占一个字节的内存空间。字符串常量占的内存字节数等于字符串中字节数加 1。增加的一个字节中存放字符"\0"（ASCII 码为 0），这是字符串结束标志。

例如，字符串"C program"在内存中所占的字节为：

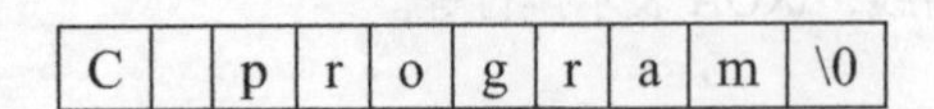

字符常量'a'和字符串常量"a"虽然都只有一个字符，但在内存中的情况是不同的。

'a'在内存中占一个字节，可表示为：

a

"a"在内存中占两个字节，可表示为：

a	\0

6．变量赋初值

在程序中要使用变量，就要给变量一个数值，这个数值可以在程序定义变量后就给它，这叫赋初值，也叫初始化。还可以在使用过程中给变量赋值。在变量定义中赋初值的一般形式为：

变量类型 变量1=值1，变量2=值2，…；

例如：

```
int a=3;
int b,c=5;
float x=3.2,y=3f,z=0.75;
char ch1='K',ch2='P';
```

注意：在定义中不允许连续赋值，如 a=b=c=5 是不合法的。

2.3.3 表达式

C语言中运算符和表达式非常丰富，这使得C语言功能十分完善。这也是C语言的主要特点之一。

C语言的运算符不仅具有不同的优先级，而且还有一个特点，就是它的结合性。在表达式中，各运算量参与运算的先后顺序不仅要遵从运算符优先级别的规定，还要考虑运算符结合性的制约，以便确定是自左向右进行运算还是自右向左进行运算。这种结合性是其他高级语言的运算符所没有的，因此也增加了C语言的复杂性。

1．C运算符

C语言的运算符可分为以下几类。

（1）算术运算符：用于各类数值运算。包括加（+）、减（-）、乘（*）、除（/）、求余（或称模运算，%）、自增（++）、自减（--）共七种。

（2）关系运算符：用于比较运算。包括大于（>）、小于（<）、等于（==）、大于等于（>=）、小于等于（<=）和不等于（!=）六种。

（3）逻辑运算符：用于逻辑运算，包括与（&&）、或（||）、非（!）三种。

（4）位操作运算符：参与运算的量，按二进制位进行运算。包括位与（&）、位或（|）、位非（~）、位异或（^）、左移（<<）、右移（>>）六种。

（5）赋值运算符：用于赋值运算。包括简单赋值（=）、复合算术赋值（+=，-=，*=，/=，%=）和复合位运算赋值（&=，|=，^=，>>=，<<=）三类共11种。

（6）条件运算符：这是一个三目运算符，用于条件求值（?:）。

（7）逗号运算符：用于把若干表达式组合成一个表达式（,）。

（8）指针运算符：用于取内容（*）和取地址（&）两种运算。

（9）求字节数运算符：用于计算数据类型所占的字节数（sizeof）。

（10）特殊运算符：有括号（()），下标（[]），成员（→，.）等几种。

2．算术运算符和算术表达式

（1）基本的算术运算符

① 加法运算符“+”：加法运算符为双目运算符，即应有两个量参与加法运算。如 x+y，5+6 等，具有右结合性。

② 减法运算符“－”：减法运算符为双目运算符。但“－”也可作负值运算符，此时为单目运算，如－x，－5 等，具有左结合性。

③ 乘法运算符“*”：双目运算，具有左结合性。

④ 除法运算符是“/”：双目运算，具有左结合性。如果运算量均为整型时，结果也为整型，舍去小数。如果运算量中有一个是实型，则结果为双精度实型。

例如：21/5 运算的结果就是 4，－21/5 的运算结果是－4，小数全部舍去。而 21.0/5 的运算结果是 4.2，－21.0/5 的结果是－4.2，保留了小数部分，这是由于有实数参与运算，因此结果也为实型。

⑤ 求余运算符（模运算符）“%”：双目运算，具有左结合性。

注意：

求余运算要求参与运算的量均为整型，其结果等于两数相除后的余数。例如：21%5 的运算结果是 1。

（2）算术表达式

表达式是由常量、变量、函数和运算符组合起来的式子。一个表达式包括一个值及其类型，它们等于计算表达式所得结果的值和该值的类型。表达式求值按运算符的优先级和结合性规定的顺序进行。单个的常量、变量、函数可以看作表达式的特例。

算术表达式是由算术运算符和括号连接起来的式子。

以下是算术表达式的例子：

```
a+b
(a*2)/c
(x+r)*8-(a+b)/7
++I
sin(x)+sin(y)
(++i)-(j++)+(k--)
```

（3）运算符的优先级

C 语言中，运算符的运算优先级共分为 15 级。1 级最高，15 级最低。在表达式中，优先级较高的先于优先级较低的进行运算。而在一个运算量两侧的运算符优先级相同时，则按运算符的结合性所规定的结合方向处理，如表 2-4 所示。

表 2-4 运算符优先级

优先级	运算符	名称或含义	使用形式	结合方向	说明
1	[]	数组下标	数组名[常量表达式]	左到右	
	()	圆括号	（表达式）/函数(形参表)		
	.	成员选择（对象）	对象.成员名		
	->	成员选择（指针）	对象指针->成员名		
2	-	负号运算符	-表达式	右到左	单目运算符
	(类型)	强制类型转换	(数据类型)表达式		
	++	自增运算符	++变量名/变量名++		单目运算符
	--	自减运算符	--变量名/变量名--		单目运算符
	*	取值运算符	*指针变量		单目运算符
	&	取地址运算符	&变量名		单目运算符
	!	逻辑非运算符	!表达式		单目运算符
	~	按位取反运算符	~表达式		单目运算符
	sizeof	长度运算符	sizeof(表达式)		
3	/	除	表达式/表达式	左到右	双目运算符
	*	乘	表达式*表达式		双目运算符
	%	余数（取模）	整型表达式/整型表达式		双目运算符
4	+	加	表达式+表达式	左到右	双目运算符
	-	减	表达式-表达式		双目运算符
5	<<	左移	变量<<表达式	左到右	双目运算符
	>>	右移	变量>>表达式		双目运算符
6	>	大于	表达式>表达式	左到右	双目运算符
	>=	大于等于	表达式>=表达式		双目运算符
	<	小于	表达式<表达式		双目运算符
	<=	小于等于	表达式<=表达式		双目运算符
7	==	等于	表达式==表达式	左到右	双目运算符
	!=	不等于	表达式!=表达式		双目运算符
8	&	按位与	表达式&表达式	左到右	双目运算符
9	^	按位异或	表达式^表达式	左到右	双目运算符

续表

优先级	运算符	名称或含义	使用形式	结合方向	说明
10	|	按位或	表达式|表达式	左到右	双目运算符
11	&&	逻辑与	表达式&&表达式	左到右	双目运算符
12	||	逻辑或	表达式||表达式	左到右	双目运算符
13	?:	条件运算符	表达式 1? 表达式 2: 表达式 3	右到左	三目运算符
14	=	赋值运算符	变量=表达式	右到左	
	/=	除后赋值	变量/=表达式		
	*=	乘后赋值	变量*=表达式		
	%=	取模后赋值	变量%=表达式		
	+=	加后赋值	变量+=表达式		
	－=	减后赋值	变量－=表达式		
	<<=	左移后赋值	变量<<=表达式		
	>>=	右移后赋值	变量>>=表达式		
	&=	按位与后赋值	变量&=表达式		
	^=	按位异或后赋值	变量^=表达式		
	|=	按位或后赋值	变量|=表达式		
15	,	逗号运算符	表达式,表达式,…	左到右	从左向右顺序运算

（4）运算符的结合性

C 语言中各运算符的结合性分为两种，即左结合性（自左至右）和右结合性（自右至左）。例如算术运算符的结合性是自左至右，即先左后右。如有表达式 x－y+z，则 y 应先与“－”号结合，执行 x－y 运算，然后再执行+z 的运算。这种自左至右的结合方向就称为“左结合性”。而自右至左的结合方向称为“右结合性”。最典型的右结合性运算符是赋值运算符。如 x=y=z，由于“=”的右结合性，应先执行 y=z，再执行 x=(y=z)运算。C 语言运算符中有不少为右结合性，应注意区别，以避免理解错误。

3．自增、自减运算符

自增、自减运算符属于单目运算符号，它们的作用是使得参与运算的整型变量自身数据值增加 1 或减少 1。自增运算符记为“++”，自减运算符记为“－－”。

自增、自减又有前后之分即前自增、后自增、前自减和后自减，它们的运算形式如下。

- ++i：前自增，i 先自增加 1 后再参与其他运算。
- －－i：前自减，i 先自减少 1 后再参与其他运算。
- i++：后自增，i 参与运算后，i 的值再自增加 1。
- i－－：后自减，i 参与运算后，i 的值再自减少 1。

为了更好地理解自增与自减，我们来看下面的程序：

```
main()
{
    int i=5;
    int x=1;
    x=i++;
    x=++i;
    x=i--;
    x=--i;
}
```

本程序中，初始化整型变量 i 的值为 5，整型变量 x 的值为 1。执行第 3 行 x=i++后 x 的值为 5，i 的值为 6（后自增）。执行第 4 行 x=++i 后 x 的值为 7，i 的值为 7（前自增）。执行第 5 行 x=i－－后 x 的值为 7，i 的值为 6（后自减）。执行第 6 行 x=－－i 后 x 的值为 5，i 的值为 5（前自减）。

下面程序再次向我们展示了自增和自减在复杂运算式中的运算过程：

```
main()
{
    int i=5,j=5,p,q;
    p=(i++)+(i++)+(i++);
    q=(++j)+(++j)+(++j);
    printf("%d,%d,%d,%d",p,q,i,j);
}
```

本程序中，对 P=(i++)+(i++)+(i++)应理解为三个 i 相加，故 P 值为 15。然后 i 再自增 1 三次相当于加 3 故 i 的最后值为 8。而对于 q 的值则不然，q=(++j)+(++j)+(++j)应理解为 j 先自增 1，再参与运算，由于 j 自增 1 三次后值为 8，三个 8 相加的和为 24，j 的最后值仍为 8。

4. 赋值运算符和赋值表达式

（1）赋值运算符

简单赋值运算符记为“=”。由“=”连接的式子称为赋值表达式，其一般形式为：

变量=表达式

```
x=1;
s=x+y;
```

赋值表达式的功能是计算表达式的值再赋予左边的变量。赋值运算符具有右结合性。因此 a=b=c=5，可理解为 a=(b=(c=5))。

在其他高级语言中，赋值构成了一个语句，称为赋值语句。而在 C 语言中，把“=”定义为运算符，从而组成赋值表达式。凡是表达式可以出现的地方均可出现赋值表达式。

例如式子：

```
x=(a=5)+(b=8)
```

是合法的。它的意义是把5赋予a，8赋予b，再把a、b相加，把和赋予x，故x应等于13。

在C语言中也可以组成赋值语句，按照C语言规定，任何表达式在其未尾加上分号就构成为语句。因此如下式子：

```
x=8;
a=b=c=5;
```

都是赋值语句，在前面各例中我们已大量使用过了。

如果赋值运算符两边的数据类型不相同，系统将自动进行类型转换，即把赋值号右边的类型换成左边的类型，具体规定如下。

① 实型赋予整型，舍去小数部分。前面的例子已经说明了这种情况。

② 整型赋予实型，数值不变，但将以浮点形式存放，即增加小数部分(小数部分的值为0)。

③ 字符型赋予整型，由于字符型为一个字节，而整型为二个字节，故将字符的ASCII码值放到整型量的低八位中，高八位为0。整型赋予字符型，只把低八位赋予字符量。

（2）复合的赋值运算符

在赋值符“=”之前加上其他二目运算符可构成复合赋值符。如+=，－=，*=，/=，%=，<<=，>>=，&=，^=，|=。

构成复合赋值表达式的一般形式为：

变量 双目运算符=表达式

它等效于：

变量=变量 双目运算符 表达式

例如：

```
a+=5 等价于 a=a+5;
x*=y+7 等价于 x=x*(y+7);
l%=p 等价于 l=l%p。
```

复合赋值符这种写法，对初学者可能不习惯，但十分有利于编译处理，能提高编译效率并产生质量较高的目标代码。

5．逗号运算符和逗号表达式

在C语言中，逗号“，”也是一种运算符，称为逗号运算符。其功能是把两个表达式连接起来组成一个表达式，称为逗号表达式。

其一般形式为：

表达式1，表达式2，…

其求值过程是分别求两个表达式的值，并以表达式2的值作为整个逗号表达式的值。

对于逗号表达式还要说明两点：

① 逗号表达式一般形式中的表达式1和表达式2 也可以又是逗号表达式。

例如：

表达式1，（表达式2，表达式3）

形成了嵌套情形。因此可以把逗号表达式扩展为以下形式：

表达式1，表达式2，…表达式n

整个逗号表达式的值等于表达式n的值。

② 程序中使用逗号表达式，通常要分别求逗号表达式内各表达式的值，并不一定要求整个逗号表达式的值。

并不是在所有出现逗号的地方都组成逗号表达式，如在变量说明中，函数参数表中逗号只是用作各变量之间的间隔符。

6. 关系表达式

用关系运算符将两个表达式连接起来的式子，称关系表达式。C 语言的关系运算符号有<=、>=、<、>、==和! =六个，关系表达式的值是逻辑值“真”或“假”。但是 C 语言没有逻辑型变量和逻辑型常量，也没有专门的逻辑值，故以“非 0”代表“真”，以 0 代表“假”。在关系表达式求解时，以 1 代表“真”，以 0 代表假。当关系表达式成立时，表达式的值为 1，否则表达式的值为 0。

例如：

2>1 整个表达式的值为 1;

2<1 整个表达式的值为 0。

7. 逻辑表达式

用逻辑运算符将关系表达式或逻辑量连接起来的有意义的式子称为逻辑表达式。逻辑表达式的值是一个逻辑值，即 true 或 false。C 语言编译系统在给出逻辑运算结果时，以数字 1 表示“真”，以数字 0 表示“假”。

C 语言的逻辑运算符有&&（逻辑与）、||（逻辑或）和!（逻辑非）。

例如：

1&&1 表达式值为 1;

1&&0 表达式值为 0;

0&&0 表达式值为 0;

0&&1 表达式值为 0;

1||1 表达式值为 1;

1||0 表达式值为 1;

0||1 表达式值为 1;

0||0 表达式值为 0;

! 1 表达式值为 0;

! 0 表达式值为 1;

1>0&&2<1 表达式的值为 0;

1>0||2<1 表达式的值为 1。

注意：

当用多了逻辑符号连接多个表达式进行逻辑运算的时候，这个表达式的取值口诀就是，做“与”运算的时候“遇 0 为 0”，也就是说连接的各表达式中只要有一个是 0，那么整个表达式的值为 0，其他情况为 1。做“或”运算的时候“遇 1 为 1”也就是说连接的各表达式中只要有一个是 1，那么整个表达式的值为 1，其他情况为 0。

例如：

1 && 1 && 0 && 1 整个表达式的值为 0;

1 || 0 || 0 || 1 整个表达式的值为 1。

习 题

一、选择题

1. 以下选项中，不正确的 C 语言浮点型常量是（　　）。

   A. 160.　　B. 0.12　　C. 2e4.2　　D. 0.0

2. 以下选项中，（　　）是不正确的 C 语言字符型常量。

   A. 'a'　　B. '\x41'　　C. '\101'　　D. "a"

3. 在 C 语言中，字符型数据在计算机内存中，以字符的（　　）形式存储。

   A. 原码　　B. 反码　　C. ASCII 码　　D. BCD 码

4. 若 x、i、j 和 k 都是 int 型变量，则计算下面表达式后，x 的值是（　　）。

   x=(i=4，j=16，k=32)

   A. 4　　B. 16　　C. 32　　D. 52

5. 算术运算符、赋值运算符和关系运算符的运算优先级按从高到低依次为（　　）。

   A. 算术运算、赋值运算、关系运算

   B. 算术运算、关系运算、赋值运算

   C. 关系运算、赋值运算、算术运算

   D. 关系运算、算术运算、赋值运算

6. 若有代数式，则不正确的 C 语言表达式是（　　）。

   A. a/b/c*e*3　　B. 3*a*e/b/c　　C. 3*a*e/b*c　　D. a*e/c/b*3

7. 表达式!x||a==b 等效于（　　）。

   A. !((x||a)==b)　　B. !(x||y)==b　　C. !(x||(a==b))　　D. (!x)||(a==b)

8. 设整型变量 m、n、a、b、c、d 均为 1，执行 (m=a>b)&&(n=c>d)后，m、n 的值是（　　）。

   A. 0，0　　B. 0，1　　C. 1，0　　D. 1，1

9. 设有语句 int a=3；，则执行了语句 a+=a-=a*=a;后，变量 a 的值是（　　）。

   A. 3　　B. 0　　C. 9　　D. -12

10. 在以下一组运算符中，优先级最低的运算符是（　　）。

    A. *　　B. !=　　C. +　　D. =

11. 设整型变量 i 值为 2，表达式(++i)+(++i)+(++i)的结果是（　　）。

    A. 6　　B. 12　　C. 15　　D. 表达式出错

12. 若已定义 x 和 y 为 double 类型，则表达式 x=1，y=x+3/2 的值是（　　）。

    A. 1　　B. 2　　C. 2.0　　D. 2.5

13. sizeof (double)的结果值是（　　）。

    A. 8　　B. 4　　C. 2　　D. 出错

14. 设 a=1，b=2，c=3，d=4，则表达式 a<b? a : c<d? a : d 的结果为（　　）。

    A. 4　　B. 3　　C. 2　　D. 1

15. 设 a 为整型变量，不能正确表达数学关系 10<a<15 的 C 语言表达式是（　　）。

    A. 10<a<15　　B. a= =11|| a= =12 || a= =13 || a= =14

    C. a>10 && a<15　　D. !(a<=10) && !(a>=15)

16. 设 f 是实型变量，下列表达式中不是逗号表达式的是（　　）。

    A. f= 3.2, 1.0　　B. f>0, f<10　　C. f=2.0, f>0　　D. f=(3.2, 1.0)

17. 表达式 18/4*sqrt(4.0)/8 值的数据类型是（　　）。

A. int　　B. float　　C. double　　D. 不确定

18. 已知字母 A 的 ASCII 码为十进制数 65，且 c2 为字符型，则执行语句 C2='A'+'6'-'3'后 c2 中的值是（　　）。

A. D　　B. 68　　C. 不确定的值　　D. C

19. 以下用户标识符中，合法的是（　　）。

A. int　　B. nit　　C. 123　　D. a+b

20. C 语言中，要求运算对象只能为整数的运算符是（　　）。

A. %　　B. /　　C. >　　D. *

21. 若有说明语句 char c='\72'则变量 c 在内存占用的字节数是（　　）。

A. 1　　B. 2　　C. 3　　D. 4

22. 字符串"ABC"在内存占用的字节数是（　　）。

A. 3　　B. 4　　C. 6　　D. 8

23. 要为字符型变量 a 赋初值，下列语句中哪一个是正确的（　　）。

A. char a="3";　　B. char a='3';　　C. char a=%;　　D. char a=*;

24. 下列不正确的转义字符是（　　）。

A. \\　　B. \'　　C. 074　　D. \0

二、填空题

1. C 语言中的逻辑值“真”是用________表示的，逻辑值“假”是用________表示的。

2. 若 x 和 n 都是 int 型变量，且 x 的初值为 12，n 的初值为 5，则计算表达式 x%=(n%=2)后 x 的值为________。

3. 设 c='w',a=1,b=2,d=－5，则表达式 'x'+1>c, 'y'!=c+2, －a－5*b<=d+1, b==a=2 的值分别为________、________、________、________。

4. 设 float x=2.5,y=4.7; int a=7;，表达式 x+a%3*(int)(x+y)%2/4 的值为________。

5. 判断变量 a、b 的值均不为 0 的逻辑表达式为________。

6. 数学式 a/(b*c)的 C 语言表达式________。

三、编程题

1. 设长方形的高为 1.5，宽为 2.3，编程求该长方形的周长和面积。

2. 编写一个程序，将大写字母 A 转换为小写字母 a。

PART 3 项目 3 简单计算器

学习目标

- 明确 C 语言的程序书写格式
- 掌握 C 语言的 if 条件语句的用法
- 掌握 C 语言的多分支语句的用法

你所要回顾的

在学习本项目之前让我们来回顾一下上个项目所讲解的内容，在上个项目中我们学习了程序中用来存储数据的变量，还知道了不同数据类型的变量存储的数据也是不同的。重要的是我们学习了变量是如何定义的，标准的输入函数 scanf()的使用技巧。变量与常量或变量与变量通过运算符号连接起来形成了程序中的表达式，这也是程序中重要的组成部分，通过这些表达式就能很轻松地实现一系列对数据的操作了，程序本身有很大一部分工作就是用来处理数据的。通过上一个项目你应该养成了良好的程序书写的习惯，如果还没有，那么在本项目的学习中你要努力了。

你所要展望的

前面说了我们要回顾的一些知识，接下来聊聊我们要展望的，应用在本项目中的新知识。我们之前写的程序运行的顺序都是从第一条语句开始逐条执行，从来不会跳跃执行，这样的程序往往是无法满足我们实际的要求，比如说程序中我就想去执行 3 到 5 条语句而 6 到 9 条语句不执行，那怎么办呢？本项目就会教你了，这里要教你两种实现的方法，一种是使用 if 条件语句，也叫两分支语句，因为要么执行“是”的部分要么执行“否”的部分；另一种 switch 多分支语句。通过这两部分的学习你会感到程序越来越奇妙了。

3.1 任务 1 吃饭问题

3.1.1 现在你要做的事情

要求程序完成这样一件事，当用户反应“饿了”的时候提示用户吃饭，“不饿”则提示不用吃饭。

3.1.2　参考的执行结果

根据菜单提示输入得到如图 3-1 所示的结果。

```
************menu************
**** hungry input 1     ****
**** not hungry input 0 ****
****************************
select:  1
 eat !
```

图 3-1　选择“饿了”得到的结果图

3.1.3　我给你的提示

本次任务很简单，只需要根据不同的状态进行判断，然后给出提示就可以了。但这里面有一点是需要注意的，不知道当你看到这个任务的要求时，是否感到不知道该从哪里入手，在之前我教过的学生就出现过这样的反应，看到要求后迷茫了，“饿”与“不饿”计算机是怎样知道的呢？换句话说就是程序中拿什么反应“饿”与“不饿”呢？这都是很正常的反应，因为刚刚接触程序没有多长时间，对程序的组成还不是很了解，所以在设计程序上就会有无从下手的感觉。

本任务的难点就是没有明确地告诉你程序设计的部分，不像上一个项目加法器中，已经很明确地说明了程序设计的部分了，程序中该有什么已经说的很明确了。本任务中“饿”与“不饿”到底应该怎样做呢？我们这样去处理，“饿”与“不饿”是两种状态，在程序里我们用一个整型变量来表示这种状态，假设 1 表示饿了，0 表示不饿，然后用菜单形式来提示用户的输入。这样做以后用户就会知道输入 1 表示饿了、输入 0 表示不饿，而程序中就只关心 1 和 0，根据这两个数做出判断。这样就很明确了，这个任务是希望你能了解怎样用程序的语言来解释现实中的一些问题。

3.1.4　验证成果

以下是本任务的程序代码，仅供参考。

```
#include "stdio.h"
#include "conio.h"
int main(void)
{
   int  x; /*定义整型变量 x 用来保存饿与不饿的状态*/
   /*制作提示菜单*/
   printf("************menu************\n");
   printf("**** hungry   input 1     ****\n");
   printf("**** not hungry input 0 ****\n");
   printf("****************************\n");
   printf("select:  ");
```

```
    /*输入选择饿的状态存储到变量 x 中*/
    scanf("%d",&x);
     /*判断饿了的情况进行处理*/
    if(x==1)
    {
        /*输出提示*/
        printf(" eat !");
    }
    /*判断不饿的情况进行处理*/
    if(x==0)
    {
        /*输出提示*/
        printf(" not eat !");
     }
     /*输入的状态与要求不符*/
     if(x!=0&&x!=1)
     {
        /*输出提示*/
        printf("input error!");
     }
    getch();
    return 0;
}
```

3.2 任务 2 成绩划分等级

3.2.1 现在你要做的事情

要求程序具有以下功能，输入一个成绩，给出他所在的等级，等级划分如下。

90~100：A 级；

80~89：B 级；

70~79：C 级；

60~69：D 级；

60 以下：E 级。

3.2.2 参考的执行结果

输入 93.4 分得到如图 3-2 所示的结果。

```
input  score:93.4
 A _
```

图 3-2　分数等级图

3.2.3　我给你的提示

本任务要完成的是根据输入的成绩进行等级的划分，根据原则将成绩划分为 5 个等级。我们来分析一下，各个等级有什么特点，比如说 B 级别的分数是从 80~89 分的成绩，即 80、81、82、83、84、85、86、87、88、89，这里列出的都是整数，还有浮点数这里就不列举了。我们来看看这些数据，你发现它们有什么共同之处吗？共同点就是十位上的数字都是 8。再来看 C 级的整数成绩部分：70、71、72、73、74、75、76、77、78、79 十位上的数字都是 7。D 级十位上的数字都是 6。A 级比较特殊，包含两部分，一部分是 100，去掉个位数部分剩余的就是 10。另一部分是 90~99 十位上的数字是 9。E 级别就是不属于上面等级的剩余成绩了。这样我们就可以将成绩与 10 做取整运算，将成绩的个位数部分去掉，然后使用 switch 语句判断成绩剩余部分满足哪种情况。

在上面的处理中还存在一个问题，那就是如果成绩是浮点数时，与 10 做除法运算是得不到我们想要的结果的，所以在进行取整运算前先要对输入的成绩进行处理，把浮点数转换成为整型数。办法就是使用类型的强制转换，即在保存成绩的浮点类型变量前加上（int），将浮点类型强制转换为整型，转换过程中将小数部分舍去，例如 98.7 转换后变成 98。具体实现如下：

```
x=(int)score/10;
```

先将 score 强行转换为整型，然后再与 10 做取整运算，将取到的整数部分赋值给变量 x，x 作为 switch 语句的判断依据。

这里需要注意的是，当 case 后面为 10 的时候什么也没做，也没有加 break 退出 switch 语句，这样的话它会顺序向下执行 case 9 里面的代码，这样也就满足了程序的需要，所以如果 case 后面没有加 break 的话，一旦满足该 case 的条件就会执行该 case 后面的代码，还会顺序执行下个 case 代码，直到遇到 break 退出整个 switch 语句为止。

参考验证成果的程序源代码你就会很清楚了。

3.2.4　验证成果

以下是本任务的程序代码，仅供参考。

```
#include "stdio.h"
#include "conio.h"
int main(void)
{
    float score;/*定义浮点型变量 score 来保存成绩*/
    int x;/*定义整型变量 x 用来保存成绩的百位和十位数字*/
    /*输出提示信息：请输入成绩*/
    printf("input  score:");
```

```
   /*输入成绩保存到变量 score 中*/
   scanf("%f",&score);
   /*去掉成绩的小数和个位数部分*/
   x=(int)score/10;
   /*使用多分支语句进行判断等级*/
   switch(x)
   {
        /*100 的情况*/
        case 10:
        /*90~99 分的情况*/
        case 9:   /*输出等级 A*/
                printf(" A ");
                /*退出多分支语句*/
                break;
        /*80~89 分的情况*/
        case 8:   /*输出等级 B*/
                printf(" B ");
                /*退出多分支语句*/
                break;
          /*70~79 分的情况*/
        case 7:   /*输出等级 C*/
                printf(" C ");
                /*退出多分支语句*/
                break;
          /*60~69 分的情况*/
        case 6:   /*输出等级 D*/
                printf(" D ");
                /*退出多分支语句*/
                break;
        /*60 分以下的情况*/
        default:  /*输出等级 E*/
                printf(" E ");
                /*退出多分支语句*/
                break;
    }
  getch();
  return 0;
}
```

3.3 任务3 简单计算器

3.3.1 现在你要做的事情

要求程序具有以下功能：

（1）做整型数的加、减、乘、除运算；

（2）首先根据选择菜单提示，输入要进行的运算；

（3）然后输入要参与运算的两个操作数；

（4）最后将运算结果显示出来。

3.3.2 参考的执行结果

（1）根据菜单提示输入想要进行的运算操作得到如图3-3所示的结果。

```
********menu*******
*** add input + ***
*** sub input - ***
*** mul input * ***
*** div input / ***
*******************
select:  +
```

图3-3 选择运算类型图

（2）输入两个操作数，两个操作数用“,”号分开，得到如图3-4所示的运算结果。

```
********menu*******
*** add input + ***
*** sub input - ***
*** mul input * ***
*** div input / ***
*******************
select:  +
input x,y:1,2
sum=3
_
```

图3-4 运算结果图

3.3.3 我给你的提示

本次任务要完成的是根据选择不同的运算符号进行不同的计算，这样一来程序的代码就不会是自上向下按顺序都执行一遍，而是根据选择有目的地去执行某些代码，也就是前面提到的跳跃。这里会给两种实现的方法，后面的验证成果也会给两个版本的源代码，这里为了降低“初学者”的难度，本任务处理的都是整型数据，但实际中就不是这样了。

1. if条件语句实现功能

C语言程序设计最开始设计的时候往往要把整个程序所需变量先设计出来，这也是和C语言的特点有关系的，它要求变量先定义再使用，而且程序中不得在任意位置定义变量，只能在程序开始的部分定义。本任务我们分析所需要的变量。有用来保存进行运算的两个操作数的变量，一个用来保存运算结果的变量，一个用来保存所选择的运算形式的变量。具体设计如下：

```
int x;/*定义整型变量x用来保存第一个操作数*/
int y;/*定义整型变量y用来保存第二个操作数*/
int sum=0;/*定义整型变量sum用来保存计算的结果，并赋初值0*/
char op; /*定义字符型变量op用来保存选择运算的符号*/
```

变量设计完成后，我们还需要一个提示用的菜单，来告诉用户进入“软件”后应该怎样操作，这里我们使用一组printf()函数就可很好地实现了。

提示菜单做好后，我们用一个scanf()函数将用户输入的运算形式保存到字符型变量op中。

接下来就是使用if判断语句来判断要进行的运算了，根据不同的运算形式采用不同的运算表达式，产生不同的结果。例如进行加法运算的代码如下：

```
if(op=='+')
{
    /*输出提示*/
    printf("input x,y:");
    /*输入两个操作数分别存储到变量x和y中*/
    scanf("%d,%d",&x,&y);
    /*进行运算并将结果赋值给sum*/
    sum=x+y;
    /*输出结果*/
    printf("sum=%d\n",sum);
}
```

if条件是op是否等于'+'，这里需要特别注意，if条件里的“是否等于”是两个等号，即“==”，而不是进行赋值的一个等号，即“=”。很多“初学者”在这里会犯错误，两个等号是用来进行判断的，而一个等号就是绝对的赋值了，不会起到判断的作用。剩下的运算形式跟加法运算大同小异了，只不过改改条件和运算表达式就可以了。因为多种运算形式之间是并行的关系，所以没有采用if{}else{}的结构而采用的是if并列结构，每一个if都要执行一下判断。

最后一个if条件是op!='+'&&op!='－'&&op!='*'&&op!='/',其目的是当用户输入的数据与程序判断运算形式的数据不相符合的时候提示输入错误，会在后面看到完整的程序代码。

2. 多分支语句实现功能

使用多分支语句（switch语句）来实现本任务要求的功能，其变量定义部分与使用if语句来设计程序是一样的，代码都是：

```
int x;/*定义整型变量x用来保存第一个操作数*/
int y;/*定义整型变量y用来保存第二个操作数*/
int sum=0;/*定义整型变量sum用来保存计算的结果*/
char op; /*定义字符型变量op用来保存选择运算的符号*/
```

定义完变量后也是要使用一组printf()函数来打印选择菜单，然后输入要进行运算的符号给变量op。

接下来的设计就有所不同了，我们要引入switch语句来实现多种情况下的处理。分析一下程序功能，要进行四种运算，同时还要有输入错误的提示，这样switch语句中会出现五种情况，最后一种是上述四种都不满足的情况。所以我们程序中使用四个case来对四种运算进行处理，最后加一个default来处理输入错误的提示。具体代码在验证成果中有，这里就不详细列出了。

3.3.4 验证成果

以下是本任务的程序代码仅供参考。

1. 使用 if 条件语句实现的代码

```
#include "stdio.h"
#include "conio.h"
int main(void)
{
    int x;/*定义整型变量 x 用来保存第一个操作数*/
    int y;/*定义整型变量 y 用来保存第二个操作数*/
    int sum=0;/*定义整型变量 sum 用来保存计算的结果*/
    char op; /*定义字符型变量 op 用来保存选择运算的符号*/

    /*制作提示菜单*/
    printf("***********menu***********\n");
    printf("******* add input + ********\n");
    printf("******* sub input - ********\n");
    printf("******* mul input * ********\n");
    printf("******* div input / ********\n");
    printf("***************************\n");
    printf("select:  ");
    /*输入要进行运算的符号存储到变量 op 中*/
    scanf("%c",&op);
     /*进行加法运算的情况处理程序*/
    if(op=='+')
    {

        /*输出提示*/
        printf("input x,y:");
        /*输入两个操作数分别存储到变量 x 和 y 中*/
        scanf("%d,%d",&x,&y);
        /*进行运算并将结果赋值给 sum*/
        sum=x+y;
        /*输出结果*/
        printf("sum=%d\n",sum);
    }
    /*进行减法运算的情况处理程序*/
    if(op=='-')
    {
        /*输出提示*/
        printf("input x,y:");
```

```
    /*输入两个操作数分别存储到变量x和y中*/
    scanf("%d,%d",&x,&y);
    /*进行运算并将结果赋值给sum*/
    sum=x-y;
    /*输出结果*/
    printf("sum=%d\n",sum);
}
/*进行乘法运算的情况处理程序*/
if(op=='*')
{
    /*输出提示*/
    printf("input x,y:");
    /*输入两个操作数分别存储到变量x和y中*/
    scanf("%d,%d",&x,&y);
    /*进行运算并将结果赋值给sum*/
    sum=x*y;
    /*输出结果*/
    printf("sum=%d\n",sum);
}
/*进行除法运算的情况处理程序*/
if(op=='/')
{
    /*输出提示*/
    printf("input x,y:");
    /*输入两个操作数分别存储到变量x和y中*/
    scanf("%d,%d",&x,&y);
    /*进行运算并将结果赋值给sum*/
    sum=x/y;
    /*输出结果*/
    printf("sum=%d\n",sum);
}
/*输入的符号与要求不符*/
if(op!='+'&&op!='-'&&op!='*'&&op!='/')
{
    /*输出提示*/
    printf("input error!");


}
/*清除文件缓冲区，文件以写方式打开时将缓冲区内容写入文件*/
fflush(stdin);
```

```
    getch();
    return 0;
}
```

2. 使用多分支语句实现的代码

```
#include "stdio.h"
#include "conio.h"

int main(void)
{
    int x;/*定义整型变量x用来保存第一个操作数*/
    int y;/*定义整型变量y用来保存第二个操作数*/
    int sum=0;/*定义整型变量sum用来保存计算的结果*/
    char op; /*定义字符型变量op用来保存选择运算的符号*/

    /*制作提示菜单*/
    printf("***********menu***********\n");
    printf("******* add input + ********\n");
    printf("******* sub input - ********\n");
    printf("******* mul input * ********\n");
    printf("******* div input / ********\n");
    printf("***************************\n");
    printf("select:  ");
    /*输入要进行运算的符号存储到变量op中*/
    scanf("%c",&op);
    /*使用多分支语句进行判断要做的运算*/
    switch(op)
    {
        /*进行加法运算的情况处理程序*/
        case '+': /*输出提示*/
                printf("input x,y:");
                /*输入两个操作数分别存储到变量x和y中*/
                scanf("%d,%d",&x,&y);
                /*进行运算并将结果赋值给sum*/
                sum=x+y;
                /*输出结果*/
                printf("sum=%d\n",sum);
                /*退出多分支语句*/
                break;
        /*进行减法运算的情况处理程序*/
        case '-': /*输出提示*/
                printf("input x,y:");
```

```
                /*输入两个操作数分别存储到变量x和y中*/
                scanf("%d,%d",&x,&y);
                /*进行运算并将结果赋值给sum*/
                sum=x-y;
                /*输出结果*/
                printf("sum=%d\n",sum);
                 /*退出多分支语句*/
                break;
        /*进行乘法运算的情况处理程序*/
        case '*':  /*输出提示*/
                printf("input x,y:");
                /*输入两个操作数分别存储到变量x和y中*/
                scanf("%d,%d",&x,&y);
                /*进行运算并将结果赋值给sum*/
                sum=x*y;
                /*输出结果*/
                printf("sum=%d\n",sum);
                 /*退出多分支语句*/
                break;
        /*进行除法运算的情况处理程序*/
        case '/':  /*输出提示*/
                printf("input x,y:");
                /*输入两个操作数分别存储到变量x和y中*/
                scanf("%d,%d",&x,&y);
                /*进行运算并将结果赋值给sum*/
                sum=x/y;
                /*输出结果*/
                printf("sum=%d\n",sum);
                 /*退出多分支语句*/
                break;
        /*输入的符号与要求不符*/
        default:   /*输出提示*/
                printf("input error!");
                 /*退出多分支语句*/
                break;
    }
    /*清除文件缓冲区，文件以写方式打开时将缓冲区内容写入文件*/
    fflush(stdin);
    getch();
    return 0;
}
```

3.4 技术支持

3.4.1 if条件语句

if语句主要就是根据条件进行判断所要执行的代码，C语言的if语句有三种基本形式。

（1）第一种形式为基本形式，只有单独的if：

```
If（表达式）
    语句;
```

其语义是：如果表达式的值为真，则执行其后的语句，否则不执行语句。其过程如图 3-5 所示。

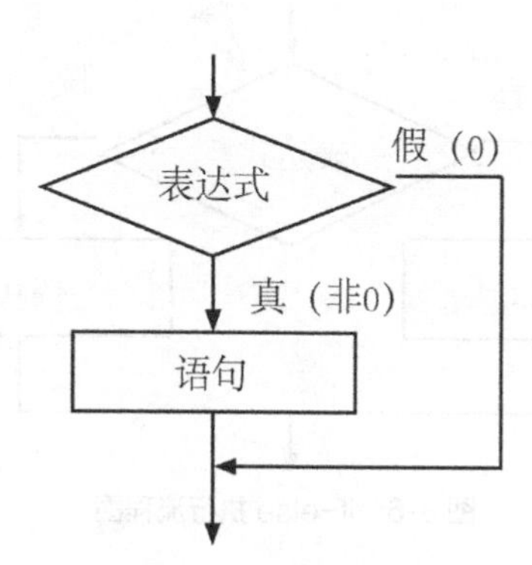

图3-5　单独if执行流程图

【例3.1】求两个数中最小数。

```
main()
{
    int a;
    int b;
    int min;
    printf("\n input two numbers: \n");
    scanf("%d%d",&a,&b);
    min =a;
    if (min >b)
    {
        min =b;
    }
    printf("min =%d", min);
}
```

运行结果：

```
input two numbers:
5
9
min =5
```

本例程序中，输入两个整型数赋值给变量 a 和 b，然后假设 a 是最小的，把 a 的值赋值给 min，接下来进行判断，如果假设的最小值比 b 大，b 就是最小的，把 b 的值赋值给 min，如果条件不成立，说明 a 是最小的，最后把 min 的值输出。

（2）第二种形式为 if-else：

```
If（表达式）
    语句 1;
else
    语句 2;
```

其语义是：如果表达式的值为真，则执行语句 1，否则执行语句 2。

其执行过程如图 3-6 所示。

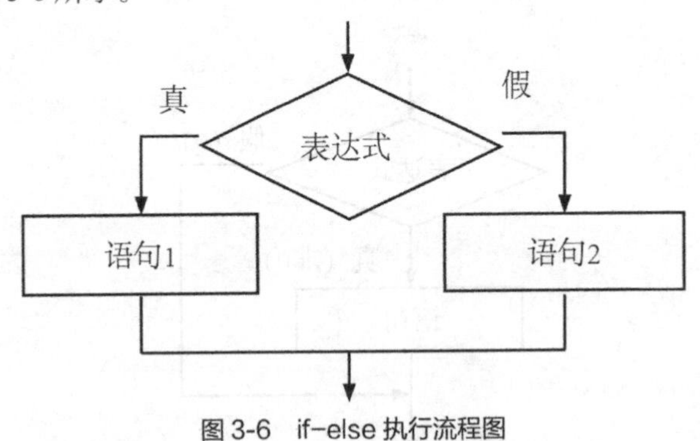

图 3-6 if-else 执行流程图

【例 3.2】求两个数中最小的数。

```
main()
{
    int a;
    int b;
    int min;
    printf("input two numbers: \n");
    scanf("%d%d",&a,&b);
    if(a>b)
        min=b;
    else
        min=a;
    printf("min=%d\n",min);
}
```

运行结果：

```
Input:
input two numbers:
5
9
Output:
min=5
```

本例程序中，输入两个整型数赋值给变量 a 和 b，然后进行判断，如果 a 大于 b 成立，b 就是最小的，把 b 的值赋值给 min，如果条件不成立，说明 a 是最小的，把 a 赋值给 min。最后把 min 的值输出。

（3）第三种形式为 if-else-if：

前两种形式的 if 语句一般都用于两个分支的情况。当有多个分支选择时，可采用 if-else-if 语句。

其一般形式为：

```
If（表达式 1）
        语句 1;
    else  if（表达式 2）
             语句 2;
          else  if（表达式 3）
                  语句 3;
                  …
                else  if（表达式 m）
                        语句 m;
                      else
                        语句 n;
```

其语义是：依次判断表达式的值，当出现某个值为真时，则执行其对应的语句，然后跳到整个 if 语句之外继续执行程序。如果所有的表达式均为假，则执行语句 n，然后继续执行后续程序。if-else-if 语句的执行过程如图 3-7 所示。

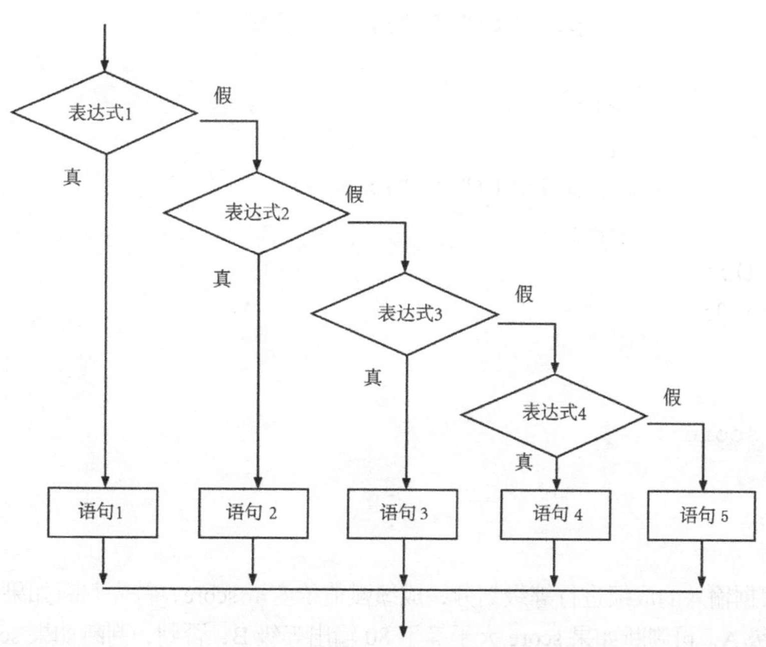

图 3-7 if-else 多分支执行流程图

【例 3.3】根据成绩划分等级。

```
#include "stdio.h"
#include "conio.h"

int main(void)
{
   float score;
   printf("input  score:\n");
   scanf("%f",&score);
   if(score>=90)
   {
      printf(" A ");
   }
   else if(score>=80)
      {
        printf(" B ");
      }
      else if(score>=70)
         {
           printf(" C ");
         }
         else if(score>=60)
            {
              printf(" D ");
            }
            else
            {
              printf(" E ");
            }
  getch();
  return 0;
}
Input:
input  score::
78
Output:
C
```

本程序根据输入的成绩进行等级划分，成绩赋值给变量 score，首先判断如果 score 大于等于 90 输出等级 A，再判断如果 score 大于等于 80 输出等级 B，否则，判断如果 score 大于等于 70 输出等级 C，否则，判断如果 score 大于等于 60 输出等级 D，最后一种情况输出 E。

使用 if 语句应该注意如下几点。

（1）else与if是配对出现的，也就是说可以有单独的if在程序中使用，但不可以有单独的else在程序中使用，else总是与离它最近的没有和else配对的if进行配对。

（2）在3种形式的if语句中，if关键字之后均为表达式。该表达式通常是逻辑表达式或关系表达式，但也可以是其他表达式，如赋值表达式等，甚至可以是一个变量。

例如：

```
if(x=1) 语句;
if(y) 语句;
```

都是允许的。只要表达式的值为非0，即为“真”。

如在：

```
if(x=1)…;
```

中表达式的值永远为非0，所以其后的语句总是要执行的，当然这种情况在程序中不一定会出现，但在语法上是合法的。

（3）if语句中每一个if或者else后面只会控制一条语句的执行，如果想控制多条语句，则必须把这多条语句用“{}”括起来组成一个复合语句。但要注意的是在“}”之后不能再加分号。

例如：

```
if(x>3)
   x=4;
   y=5;
else
   x=9;
   y=7;
```

上面程序段本意是想实现当x大于3的时候，x赋值为4，y赋值为5。当x小于3的时候，x赋值为9，y赋值为7。但上面程序段是完成不了的，因为if只控制x=4这一条语句，y=5就不受控制了，也就是说不管条件满不满足都会执行，但整体是执行不了的，因为else没有与之进行配对的if。要想达到效果上面程序段应该为：

```
if(x>3)
{
      x=4;
      y=5;
}
else
{
      x=9;
      y=7;
}
```

（4）if语句的嵌套

所谓if语句的嵌套就是指在if或者else控制的语句范围内还会出现if条件语句，执行过程和单一的条件语句没有太大的区别，只需要把嵌套内的if语句独立的按其执行规则执行就可以了。也可以理解为嵌套外是独立的，嵌套内也是独立的。

【例 3.4】3 个数按大小顺序输出。

```
#include "stdio.h"
#include "conio.h"
void main(void)
{
    int x;
    int y;
    int z;
    int max;
    int mid;
    int min;
    printf("input three numbers:\n");
    scanf("%d%d%d",&x,&y,&z);
    if(x>y&&x>z)
    {
        max=x;
        if(y>z)
        {
            mid=y;
            min=z;
        }
        else
        {
            mid=z;
            min=y;
        }
    }
    if(y>x&&y>z)
    {
        max=y;
        if(x>z)
        {
            mid=x;
            min=z;
        }
        else
        {
            mid=z;
            min=x;
        }
    }
```

```
    if(z>y&&z>x)
    {
        max=z;
        if(y>x)
        {
            mid=y;
            min=x;
        }
        else
        {
            mid=x;
            min=y;
        }
    }
    printf("max=%d,mid=%d,min=%d",max,mid,min);
    getch();
}
Input:
input three numbers:
9
5
11
Output:
max=11,mid=9,min=5
```

本程序要实现3个数的排序，这里给出了实现这个功能比较麻烦的算法，但这种算法易于理解，而且也是用了if语句的嵌套。还有更好的算法等着你去研究。回到本程序中，首先假设x是最大的数也就是if条件x大于y同时x大于z成立，将x赋值给max，在这种情况下只需要比较y和z的大小就可以了，所以在这种情况下嵌套了一个if语句，条件是如果y大于z成立，则将y赋值给中间的mid，z赋值给最小的min。条件不成立，则将z赋值给mid，y赋值给min。然后假设y是最大的数也就是if条件y大于x同时y大于z成立，将y赋值给max，在这种情况下只需要比较x和z的大小就可以了，所以在这种情况下嵌套了一个if语句，条件是x大于z如果成立，则将x赋值给中间的mid，z赋值给最小的min。条件不成立，则将z赋值给mid，x赋值给min。最后假设z是最大的数也就是if条件z大于y同时z大于x成立，将z赋值给max，在这种情况下只需要比较y和x的大小就可以了，所以在这种情况下嵌套了一个if语句，条件是y大于x如果成立，则将y赋值给中间的mid，x赋值给最小的min。条件不成立，则将x赋值给mid，y赋值给min。

3.4.2　switch 语句

switch语句也可以理解为多分支语句或者是开关语句，也就是说它可能会有多个分支可以选择，不像if最多只有两个分支选择。

switch语句的一般形式：

```
switch（变量）
{
    case 常量1:
        语句1或空;
    case 常量2:
        语句2或空;
            …
    case 常量n;
        语句n或空;
    default:
        语句n+1或空;
}
```

执行switch开关语句时，将变量逐个与case后的常量进行比较，若与其中一个相等，则执行该常量下的语句，若不与任何一个常量相等，则执行default 后面的语句。

注意:

（1）switch中变量可以是数值，也可以是字符；

（2）可以省略一些case和default；

（3）每个case或default后的语句可以是语句体，但不需要使用“{”和“}”括起来；

（4）如果想退出switch语句不再顺序向下执行case的话加上break语句退出。

【例3.5】按等级输出成绩范围。

```
#include "stdio.h"
#include "conio.h"

int main(void)
{
    char grade;
    printf("input  grade:\n");
    scanf("%c",&grade);
    switch(grade)
    {
        case 'A':
            printf("score in 90~100");
            break;
        case 'B':
            printf("score in 80~89");
            break;
        case 'C':
            printf("score in 70~79");
            break;
```

```
        case 'D':
            printf("score in 60~69");
            break;
        case 'E':
            printf("score in <60");
            break;
        default:
            printf("input error!");
            break;
    }
  getch();
  return 0;
}
Input:
input  grade:
B
Output:
score in 80~89
```

本程序实现了输入不同的等级符号，输出这个等级下成绩的取值范围。程序中使用 grade 变量来存储输入的等级符号，同时也作为 switch 语句的判断变量，根据输入的符号与 switch 语句中的每一个 case 后面的常量值进行匹配，满足条件的执行 case 后面的控制代码，最后退出 switch 语句。

习　题

一、选择题

1. 若有程序段如下：

```
a=b=c=0;
x=35;
if(!a)
{
    x--;
}
else
{
    if(b);
}
if(c)
{
    x=3;
```

```
}
else
{
    x=4;
}
```

执行后，变量 x 的值是（　　）。

A. 34　　B. 4　　C. 35　　D. 3

2. 下列 if 语句中，不正确的是（　　）。

A. if (x<y)scanf (“%d”, & x) else scanf (“%d”, & y);

B. if (x<y);

C. if (x==y)x+=y;

D. if (x<y) { x++;y++; }

3. 有如下程序段：

```
int x=1,y=1;
int m,n;
m=n=1;
switch (m)
 {
   case 0:x=x*2;
   case 1:
    {
        switch (n)
       {
           case 1:x=x*2;
           case 2:y=y*2;
                  break;
           case 3:x++;
           }
     }
   case 2:x++;y++;
   case 3:x*=2;
         y*=2;
         break;
   default:x++;
          y++;
 }
```

执行完成后，x 和 y 的值分别是（　　）。

A. x=6 y=6　　B. x=2 y=1

C. x=2 y=2　　D. x=7 y=7

4. 设 x 为 int 型变量，则执行以下语句后，x 的值为（　　）。

```
x=10;x+=x－=x－x;
```

A. 10　　B. 20　　C. 40　　D. 30

5. 下面程序的输出结果是（　　）。

```
#include <stdio.h>
void main( )
{
    int x=5,a=0,b=0;
    if(x!=(a+b))
        printf("x=5\n");
    else
        printf("a=b=0\n");
}
```

A. 有语法错，不能通过编译

B. 通过编译，但不能连接

C. x=5

D. a=b=0

6. 下面程序运行结果是（　　）。

```
#include <stdio.h>
void main()
{
   int a,b,c,d,x;  a=c=0;
   b=1;
   d=20;
   if(a)
   d=d-10;
   else
    if(!b)
      if(!c)
        x=15;
     else
        x=25;
    printf("%d\n",d);
}
```

A. 20　　B. 25　　C. 15　　D. 10

7. 定义：int x=7,y=8,z=9;后，则下面表达式为 0 的是（　　）。

A. 'x'&&'y'　　B. x<=y

C. x||y+z&&y-z　　D. !((x<y) &&!z||1)

8. 若 w=1,x=2,y=3,z=4,则条件表达式 w<x?w:y<z?y：z 的值是（　　）。

A. 4　　B. 3　　C. 2　　D. 1

9. 以下程序：

```
#include <stdio.h>
```

```
void main()
{
    int w=4,x=3,y=2,z=1;
    printf("%d\n",(w<x?w:z<y?z:x));
}
```

其输出结果是（　　）。

A. 1　　B. 2　　C. 3　　D. 4

10. 若 a 和 b 均是正整数变量，正确的 switch 语句是（　　）。

A. switch(pow(a,2)+pow(b,2))（注：调用求幂的数学函数）

```
{
 case 1:
 case 3: y=a+b;
          break;
 case 0:
 case 5: y=a-b;
}
```

B. switch(a*a+b*b)

```
{
  case 3:
  case 1:  y=a+b;
           break;
  case 0:  y= b - a;
          break;
}
```

C. switch a

```
{
  default: x=a+b;
  case 10:  y=a-b;
            break;
  case 11:  x=a*d;
            break;
}
```

D. switch (a+b)

```
{
  case 10:  x=a+b;
            break;
  case 11:  y=a-b;
            break;
}
```

二、填空题

1. 执行下面程序：

```
#include<stdio.h>
void main( )
{
    int x;
    scanf("%d",&x);
    if(x++>5)
        printf("%d\n", x);
    else
        printf("%d\n", x--);
}
```

若输入5，其输出结果是________。

2. switch语句中的表达式允许是________表达式，其值必须是________，或________，或________。

3. 有以下程序：

```
#include <stdio.h>
void main ( )
{
    int i=1,j=1,k=2;
    if ((j++||k++)&&i++)
        printf ("%d,%d,%d\n",i,j,k);
}
```

执行后输出的结果是________。

4. 以下程序运行后的输出结果是________。

```
#include <stdio.h>
void main ( )
{
    int a=1,b=3,c=5;
    if (c=a+b)
       printf ("yes\n");
    else
        printf ("no\n");
}
```

5. 以下程序将两个数从小到大输出。

```
#include <stdio.h>
void main ( )
{
    float a,b, ________
    scanf ( ________ ,&a,&b);
```

```
    if (a>b)
    {
        t=a;
        __________
        b=t;
    }
    printf ("%5.2f,%5.2f\n",a,b);
}
```

三、编程题

1. 从键盘输入一个字符，输出该字符的按字典排列顺序的下一个字符，例如，输入 a，则输出 b。如果输入的字符不在 26 个英语字母中，则显示输入数据有误，如果输入的字符是 z 或 Z，则输出 a 或 A。

2. 编写程序计算：

$$result=\begin{cases}1+2+,,+i & i\leqslant 5\\100-i-(i-1)\ -\cdots-1 & 5<i\leqslant 10\\i*i & i>10\end{cases}$$

3. 应用 switch 语句，判断两个整数 a 和 b 的大小关系。例如，输入 a=10，b=5，输出 10>5；输入 a=5，b=15，输出 5<15；输入 a=25，b=25，输出 25=25。

4. 编写一个程序，输入三条线段的长度，判断这三条线段能否构成直角三角形。

5. 编写一个程序，求输入实数的绝对值。

6. 编写一个程序，输出给定月份的天数。

7. 编写一个程序，输入一个不多于 5 位的正整数，求出它是几位数。

提示：注意整型变量的范围。

8. 某市企业管理测评中，若企业得分低于 70 的为较差企业，以“#”表示，若得分在 70~80 的为中等企业，以“*”表示，若得分在 80~90 的为良好企业，以“**”表示，若得分在 90 以上的为优秀企业，以“***”表示，利用 if-else 结构编写一个程序，对于输入的企业成绩，输出相应的级别标志。

9. 编写一个程序，输入某年某月某日，判断该日是这一年的第几天。

提示：以 3 月 5 日为例，先把前两个月的天数加起来，然后再加上 5 天即本年的第几天；特殊情况，闰年且输入月份大于 3 时需考虑多加一天。

PART 4

项目 4 明码、密码转换

学习目标

- 了解循环控制在程序设计中的意义
- 掌握 C 语言中不同的循环控制语句各自的特点
- 掌握 C 语言数组的使用技术

你所要回顾的

在学习本项目之前让我们来回顾一下上个项目所讲解的内容，在上个项目中我们学习了怎样使程序按照我们的意志去执行想要执行的代码，而不是按顺序将代码全部都执行一遍。if 条件语句和 switch 语句给我们提供了这种可能。在使用这两种语句进行程序设计的时候，关键点是要找好条件。条件决定了程序所要执行的部分，好的条件表达式可以让你的程序更加简洁易读，提高执行的效率。同时我们还学习了将之前所学的知识综合运用，今后的每一个项目都是这样的，都会用到之前学过的知识。

你所要展望的

前面说了我们要回顾的一些知识，接下来聊聊我们要展望的，应用在本项目中的新知识。我们学习到现在可以很轻松地让程序跳跃了，这样就能去解决一些实际问题了。例如计算器，可是不知道你有没有发现我们上个项目做的计算器只能进行一次计算，而真正的计算器显然不是这样的，是要不限次数地计算直到退出程序。我们这个项目就来谈谈这无限次的运行怎样实现。在 C 语言中我们把这种往复的执行叫作循环，C 语言给我们提供了用来设计这种循环的语句，它们是 while 语句、do－while 语句和 for 语句。

4.1　任务 11 到 100 求和

4.1.1　现在你要做的事情

从 1 开始累加到 100（整型数），最后将结果输出。

4.1.2　参考的执行结果

累加后输出如图 4-1 所示。

图 4-1 到 100 累加结果图

4.1.3 我给你的提示

本次任务要进行 1 到 100 的累加求和运算，表示成算式如下：

sum=1+2+3+4+5+…+100

根据上面的算式我们想可以这样来运算，先计算 0 和 1 的和并放到 sum 中，然后再计算 sum 和 2 的和重新放到 sum 中，再计算 sum 和 3 的和重新放到 sum 中，依次计算下去直到累加到 100 为止。如果我们再将 sum 初始化为 0 的话，第一步计算 0 和 1 的和就变成计算 sum 和 1 的和，到这里你是不是发现每次都是在做 sum 与 1 到 100 之间的数的加法运算？这样我们用变量 i 来表示 1 到 100 之间的数，每运算一次 i 自动加 1 得到下一次要计算的数，放在循环中就如下列代码了：

```
while(i<=100)
{
    sum=sum+i;
    i++;
}
```

这里还需要注意如下两点。

（1）sum 必须初始化为 0。

（2）如果 i 初始化为 0 的话，循环体中的 i++语句要放在 sum=sum+i 语句的前面，让 i 先自增变成 1 后再进行累加。如果 i 初始化为 1，则 i++语句要放在 sum=sum+i 语句的后面。

4.1.4 验证成果

以下是本任务的程序代码，仅供参考：

```
#include "stdio.h"
#include "conio.h"

void main(void)
{
    int i=1;/*定义整型变量 i 作为进行计算的因子*/
    int sum=0;/*定义整型变量 sum 用来保存和*/
    /*循环累加 100 次*/
    while(i<=100)
    {
        /*累加求和*/
        sum=sum+i;
        /*累加因子自增*/
```

```
        i++;
    }
    /*输出最后的和*/
    printf("1~100 sum=%d",sum);
    getch();

}
```

4.2 任务2 打印直角三角形的星图

4.2.1 现在你要做的事情

要求程序使用 for 循环设计打印直角三角形的星图，直角三角形由 8 行星型图案构成。

4.2.2 参考的执行结果

输出三角形如图 4-2 所示。

```
*
*  *
*  *  *
*  *  *  *
*  *  *  *  *
*  *  *  *  *  *
*  *  *  *  *  *  *
*  *  *  *  *  *  *  *
_
```

图 4-2 三角形图

4.2.3 我给你的提示

本任务是典型地利用 for 循环嵌套来打印图形的例子。要求打印 8 行，每一行星的个数有所不同，呈现递增的趋势。分析如下。

第 1 行打印 1 颗星；

第 2 行打印 2 颗星；

第 3 行打印 3 颗星；

… …

第 8 行打印 8 颗星。

由上面的分析可以看出，每一行所打印的星数就是当前的行数。因此，在程序中设置变量 i 来控制行数，从 1 行循环到 8 行，这就是代码中的外层循环所控制的。然后，再使用变量 j 来控制每一行输出的星的个数，也就是内层循环控制的内容，由于每一行星的个数与所在行数相同，因此内层循环控制输出的星个数的循环条件是 j<=i。最后，执行完内层循环，本行要打印的星图案打印完后，要输出一个换行，下次执行外层循环的时候可以到下一行去打印星图案，这一点是很重要的。

4.2.4 验证成果

以下是本任务的程序代码，仅供参考：

```
#include "stdio.h"
#include "conio.h"
void main(void)
{
    int i;/*定义变量i用来控制输出的行数*/
    int j;/*定义变量j用来控制每行输出星的个数*/
    /*外循环控制图形中的行数*/
    for(i=1;i<9;i++)
    {
        /*内循环控制每一行输出的星的个数*/
        for(j=1;j<=i;j++)
        {
            /*输出星，每循环一次输出一个星*/
            printf(" * ");
        }
        /*一行星输出结束后，换行*/
        printf("\n");
    }
    getch();
}
```

4.3 任务3 明码、密码转换

4.3.1 现在你要做的事情

在密码学中，直接可以看到的内容为密码，对密码进行某种处理后得到的内容为明码。有一种密码，将英文的26个字母a，b，c，…，z（不论大小写）依次对应1，2，3，…，26，这26个自然数（见表格）。当密码对应的序号x为奇数时，明码对应的序号为$y=\frac{x+1}{2}$；当密码对应的序号x为偶数时，明码对应的序号$y=\frac{x}{2}+13$。

字母	a	b	c	d	e	f	g	h	i	j	k	l	m
序号	1	2	3	4	5	6	7	8	9	10	11	12	13
字母	n	o	p	q	r	s	t	u	v	w	x	y	z
序号	14	15	16	17	18	19	20	21	22	23	24	25	26

4.3.2 参考的执行结果

输入密码后得到的结果如图 4-3 所示。

```
******password  into code******
input password length:
9
input password:
jpab spab
code:
ruan juan

continue input 1,exit input 0.input:
```

图 4-3 密码转换为明码结果图

4.3.3 我给你的提示

本次任务主要介绍如何根据密码表和公式将密码转换成为明码，目的是训练一维数组、循环语句和条件语句的综合运用。本程序的设计步骤如下。

（1）用字符型数组 ch1 来保存密码表。由于密码表的序号是从 1 开始的，而数组的小标是从 0 开始的，所以在初始化 ch1 数组的时候第一个元素是没有用到的，故这里用 1 来进行填充。

（2）输入密码的长度（即字符个数，一个空格算一个长度）。

（3）输入符号长度的密码，使用循环将输入的密码保存到 ch2 数组中，保存时从数组的下标为 1 的位置开始，这样就与密码表序号相对应了。

（4）使用循环将密码转换为明码。循环的次数就是密码的长度，也就是说要将密码中的字符一个一个的转换成明码。

（5）在上一个循环中嵌套一个循环，这个循环的作用是将密码中的单个字符按照密码表中进行比对转换，因此这个循环要从 1 循环到 28，并在循环体内做判断。如果密码字符出现在密码表中，根据出现的序号进行公式运算找到其对应的明码字符所在的序号，再将明码字符保存到 ch3 数组中，并退出比对循环体。如果密码字符没有出现在密码表中，这时一般是空格字符或其他的符号，我们暂且不将它进行转换，而是直接保存到 ch3 数组中。

（6）输出明码。

（7）判断是否继续进行密码向明码的转换。

4.3.4 验证成果

以下是本任务的程序代码，仅供参考：

```
#include "stdio.h"
#include "conio.h"
#include "string.h"
main()
{
    int len;/*密码长度*/
    int i,j,k,l;/*控制循环的变量*/
    int q;/*控制退出程序的变量*/
    int x,y;/*临时下标变量*/
    /*密码与明码转换表，用数组 ch1 表示*/
```

```
char ch1[28]={"1abcdefghijklmnopqrstuvwxyz"};
/*用来收录输入的密码*/
char ch2[50];
/*用来存储转换后的明码*/
char ch3[50];
/*提示标题*/
printf("******password  into code******\n");
/*程序循环操作控制*/
while(1)
{
     /*清空缓冲区*/
     fflush(stdin);
    /*提示信息，密码长度*/
    printf("input password length:\n");
    /*输入密码长度给变量len*/
    scanf("%d",&len);
    /*提示信息，输入密码*/
    printf("input password:\n");
    /*循环操作输入密码存储到数组ch2中*/
    for(i=0;i<=len;i++)
    {
        /*ch2数组第一个元素接收的是空格，*/
        /*真正接收是从下标1开始*/
        scanf("%c",&ch2[i]);
    }
    /*根据输入密码长度，对密码进行转换*/
    for(j=1;j<=len;j++)
    {
        /*在密码表中循环查找与输入密码匹配的信息*/
        for(k=1;k<28;k++)
        {
            /*找到匹配字符*/
            if(ch2[j]==ch1[k])
            {
                /*判断下标是否能被2整除*/
                if(k%2==0)
                {
                    /*按序号为偶数的公式计算出明码对应的序号*/
                     x=k/2+13;
                     /*根据找到的序号，从密码表中将对应的字符送给数组ch3*/
                     ch3[j]=ch1[x];
```

```
                }
                else
                {
                    /*按序号为奇数的公式计算出明码对应的序号*/
                    y=(k+1)/2;
                    /*根据找到的序号，从密码表中将对应的字符送给数组 ch3*/
                    ch3[j]=ch1[y];

                }
                /*转换完成退出内层循环*/
                break;
            }
            else
            {
                /*没有找到匹配字符直接将密码赋值给数组 ch3*/
                ch3[j]=ch2[j];
            }

        }
    }
    /*提示信息，输出明码*/
    printf("code:\n");
    /*根据密码长度，循环输出明码*/
    for(l=1;l<=len;l++)
    {
        printf("%c",ch3[l]);
    }
    /*提示信息，退出还是继续*/
    printf("\n\ncontinue input 1,exit input 0.input:\n");
    /*输入选择信息给变量 q*/
    scanf("%d",&q);
    /*判断 q 是否等于 0*/
    if(q==0)
    {
        /*条件成立，退出程序*/
        break;
    }
  }
  getch();
}
```

4.4 技术支持

4.4.1 循环语句

循环结构是程序中一种很重要的结构。其特点是在给定条件成立时，反复执行某程序段，直到条件不成立为止。给定的条件称为循环条件，反复执行的程序段称为循环体。C 语言提供了多种循环语句，常使用的有以下几种：

（1）用 while 语句；

（2）用 do-while 语句；

（3）用 for 语句。

1．while 语句

while 语句的一般形式为：

```
while（执行循环的条件）
{
        循环体语句;
}
```

while 语句的语义是，计算表达式的值，当值为真（非 0）时，执行循环体语句。其执行过程可用图 4-4 表示。

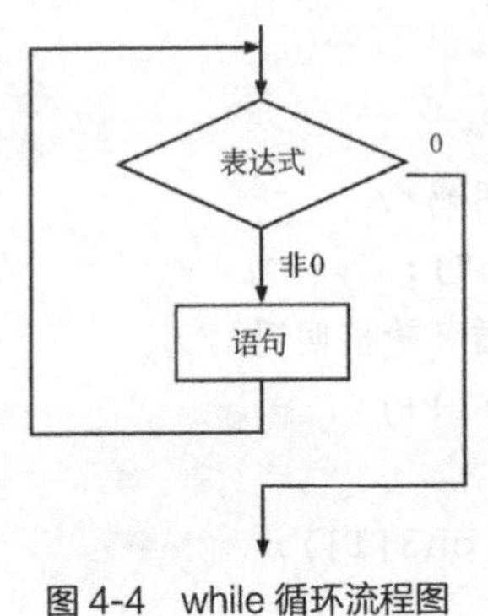

图 4-4　while 循环流程图

【例 4.1】统计从键盘输入一行字符的个数。

```
#include <stdio.h>
main()
{
    int n=0;
    printf("input a string:\n");
    while(getchar()!='\n')
    {
       n++;
    }
    printf("%d",n);
}
```

本例程序中的循环条件为 getchar()!='\n'，其意义是只要从键盘输入的字符不是回车符就继续循环。循环体 n++完成对输入字符个数计数。从而程序实现了对输入一行字符的字符个数计数。

注意：

（1）在使用循环的时候特别要注意循环执行的条件，避免进入死循环状态，所谓的死循环就是说循环一直进行下去无法退出。

（2）while 循环条件的小括号后面一般情况下不加分号。如果加分号则表示循环控制的是空语句，没有具体的实际意义。

2．do-while 语句

一般形式为：

```
do
{
    循环体;
}
While（条件）;
```

这个循环与 while 循环的不同在于：它先执行循环中的语句，然后再判断表达式是否为真，如果为真则继续循环；如果为假，则终止循环。因此，do-while 循环至少要执行一次循环语句，其执行过程如图 4-5 所示。

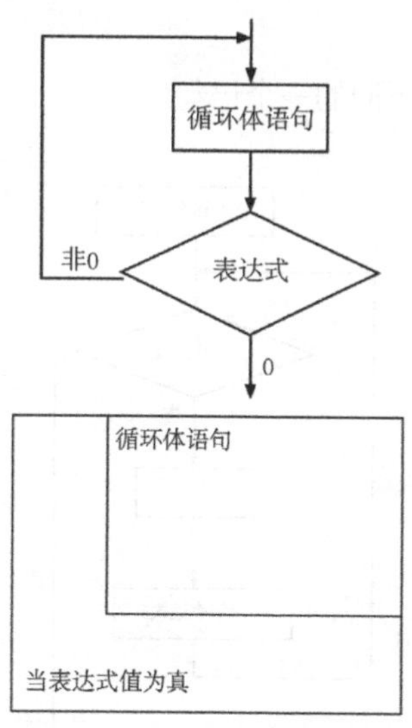

图 4-5　do-while 循环流程图

【例 4.2】使用 do-while 循环统计从键盘输入一串字符的个数。

```
#include <stdio.h>
main()
{
    int n=0;
    printf("input a string:\n");
    do
    {
```

```
        n++;
    }
      while(getchar()!='\n');
      printf("%d",n-1);
  }
```

本例子中使用的是 do-while 循环，在没有判断的情况下变量 n 就累加了一次，因此计数的结果就多了一次，最后输出的个数就应该是 n-1。

3．for 语句

在 C 语言中，for 语句的使用最为灵活，它完全可以取代 while 语句。它的一般形式为:

```
 For（表达式 1；表达式 2；表达式 3）
 {
     循环体；
 }
```

它的执行过程如下。

（1）求解表达式 1。

（2）求解表达式 2。若其值为真（非 0），则执行 for 语句中指定的内嵌语句，然后执行下面第（3）步；若其值为假（0），则结束循环，转到第（5）步。

（3）求解表达式 3。

（4）返回第（2）步继续执行。

（5）循环结束，执行 for 语句下面的一个语句。

其执行过程如图 4-6 所示。

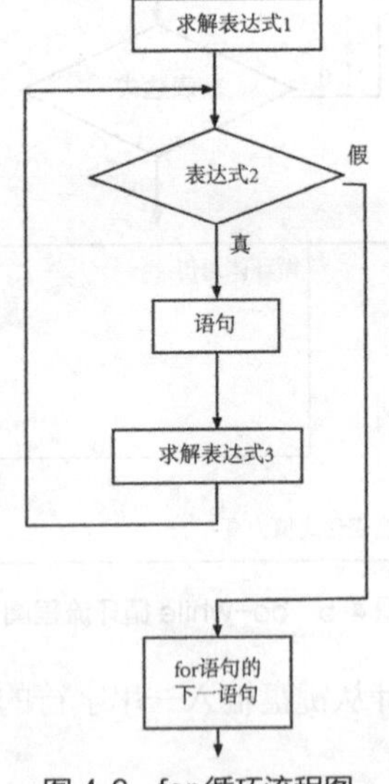

图 4-6　for 循环流程图

for 循环语句基本形式中，表达式 1 可以理解为循环变量赋初值，它是一个赋值语句，用来给循环控制变量赋初值。表达式 2 可以理解为循环条件，一般为关系表达式，也可以是一个变量值，它决定了什么时候退出循环。表达式 3 可以理解为循环变量增量，定义循环控制变量每循环一次后按什么方式变化。

注意：这 3 个部分之间用“;”分开。

例如：

```
for(i=1; i<=100; i++)
{
  sum=sum+i;
}
```

首先给 i 赋初值 1，判断 i 是否小于等于 100。若是则执行语句，其值增加 1。再重新判断 i，直到条件为假（即 i>100 时）结束循环。

相当于：

```
i=1;
while（i<=100）
{
    sum=sum+i;
    i++;
}
```

注意:

（1）for 循环中的“表达式 1(循环变量赋初值)”、“表达式 2(循环条件)”和“表达式 3(循环变量增量)”都是选择项，即可以缺省,但“;”不能缺省；

（2）省略了“表达式 1(循环变量赋初值)”，表示不对循环控制变量赋初值；

（3）省略了“表达式 2(循环条件)”，则不做其他处理时便成为死循环；

（4）省略了“表达式 3(循环变量增量)”，则不对循环控制变量进行操作，这时可在语句体中加入修改循环控制变量的语句。

例如：

```
for(i=1;i<=100;)
{
  sum=sum+i;
  i++;
}
```

（6）省略了“表达式 1(循环变量赋初值)”和“表达式 3(循环变量增量)”。

例如：

```
int i=1;
for(;i<=100;)
{
    sum=sum+i;
    i++;
}
```

（7）3个表达式都可以省略。

例如：

```
For(;; 语句
```

（8）表达式1可以是设置循环变量初值的赋值表达式，也可以是其他表达式。

例如：

```
int i=1;
int sum;
for(sum=0;i<=100;i++)
{
    sum=sum+i;
}
```

（9）表达式1和表达式3可以是一个简单表达式也可以是逗号表达式。

例如：

```
int i;
int sum;
for(sum=0,i=1;i<=100;i++)
{
    sum=sum+i;
}
```

（10）表达式2一般是关系表达式或逻辑表达式，但也可是数值表达式或字符表达式。只要其值非零，就执行循环体。

例如：

```
    for(i=0;(c=getchar())!='\n';i+=c);
```

（11）for循环语句、while循环语句和if语句一样只能控制一条语句。要想控制多条语句，必须把多条语句放在一对大括号"{}"中。

4．循环嵌套

所谓循环嵌套主要是指在循环体内部还存在新的循环控制语句，3种循环控制值语句可以相互嵌套。用下面几个例子来说明循环嵌套的执行过程。

【例4.3】打印九九乘法口诀表。

```
#include "stdio.h"
#include "conio.h"
void main(void)
{
    int i;
    int j;
    int s;
    printf("*");
    for(i=1;i<=9;i++)
    {
        printf(" %4d ",i);
    }
```

```
    printf("\n");
    for(i=1;i<=9;i++)
    {
        printf("%d",i);
        for(j=1;j<=i;j++)
        {
            s=i*j;
            printf(" %4d ",s);
        }
        printf("\n");
    }
    getch();

}
```

运行结果如图 4-7 所示。

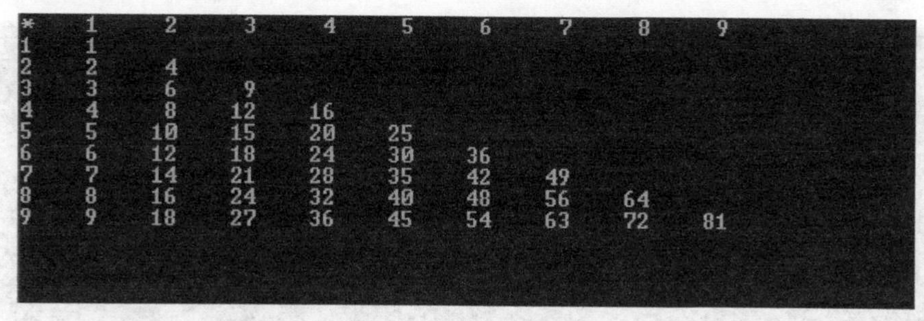

```
*   1   2   3   4   5   6   7   8   9
1   1
2   2   4
3   3   6   9
4   4   8   12  16
5   5   10  15  20  25
6   6   12  18  24  30  36
7   7   14  21  28  35  42  49
8   8   16  24  32  40  48  56  64
9   9   18  27  36  45  54  63  72  81
```

图 4-7　九九乘法口诀表

本例程序用来输出九九乘法表。第一个循环用来打印第一行的标题（*~9）。后一个循环体用来打印乘法表主体，外层循环用来控制输出的行号，内层循环用来控制每一行输出的数据量。进入外层循环先输出行号，然后进入内层循环输出本行的数据量，每一行的数据量与行号相同，因此内层循环的条件是 j<=i。在内层循环中用变量 s 来保存行和列的乘积，其正好是九九表中要表示的内容。输出时设定好格式，“%4d”表示输出时数据占 4 个字符的空间。内层循环结束后输出换行，进入外层循环的下一次循环。

【例 4.4】打印等腰三角形的星形图。

```
#include "stdio.h"
#include "conio.h"
void main(void)
{
    int i;
    int j;
    int k;
    /*控制输出的行*/
    for(i=1;i<=9;i++)
    {
```

```
        /*每一行中输出的空格*/
        for(k=9;k>=i;k--)
        {
            printf(" ");
        }
        /*每一行中输出的*号*/
        for(j=1;j<=i;j++)
        {
            printf(" *");
        }
        printf("\n");
    }
    getch();
}
```

运行结果如图 4-8 所示。

图 4-8　等腰三角形星形图

本例中打印了 9 行用星形组成的等腰三角形。分析一下图形，每一行都由两部分组成，一部分是一定数量的空格，另一部分是与行号相同数量的"*"组成。因此我们仍使用循环的嵌套来处理。外层循环控制输出的行数。内层循环分成两部分，第一部分循环用来输出空格，空格的个数正好是行号的倒序，也就是说第 1 行输出 9 个空格，第 2 行输出 8 个空格，依次递减。因此循环起始变量 k 赋值为 9，k 的变化是 k－－，循环的条件是 k>=i，这样随着行号 i 的增大，循环输出的空格数量就会减少。第二部分循环输出每一行星的个数，这里为了使图形看起来像等腰三角形所以输出的是" *"而不是单独的一个"*"，最后输出换行就可以了。

【例 4.5】百钱买百鸡问题。

公鸡每只值 5 文钱，母鸡每只值 3 文钱，而 3 只小鸡值 1 文钱。用 100 文钱买 100 只鸡，问：这 100 只鸡中，公鸡、母鸡和小鸡各有多少只?

```
#include "stdio.h"
#include "conio.h"
void main(void)
{
    int x;
    int y;
```

```
        int z;
        for(x=1;x<=20;x++)
        {
            for(y=1;y<=33;y++)
            {
                for(z=1;z<=98;z++)
                {
                    if((5*x+3*y+z/3==100)&&(x+y+z==100)&&(z%3==0))
                    {
                        printf("cock=%d,hen=%d,chicken=%d\n",x,y,z);
                    }
                }
            }
        }
        getch();
    }
```

运行结果：

```
Output:
cock=4,hen=18,chicken=78
cock=8,hen=11,chicken=81
cock=12,hen=4,chicken=84
```

本程序使用了递推的方法。这种方法也可理解为举例，根据题意我们先假设有公鸡 x 只，母鸡 y 只，小鸡 z 只。

- x 取值范围是 1~20；
- y 取值范围是 1~33；
- z 取值范围是 1~98。

因此可以做 3 个循环进行嵌套，即在假设知道公鸡的数量基础上，内嵌循环枚举母鸡个数。然后再假设知道母鸡数量的基础上，再内嵌循环枚举小鸡个数。最后找到符合下列条件的数量就可以了，条件是，

公鸡的总价 5*x 加上母鸡的总价 3*y，再加上小鸡的总价 z/3 之和为 100：

（5*x+3*y+z/3==100）

公鸡数量 x 加上母鸡数量 y，再加上小鸡数量 z 的和为 100：

（x+y+z==100）

隐含条件小鸡的数量应该是整数，也就是说 z 一定是能被 3 整除的数：

（z%3==0）

最后得到三组数据。

5．break 和 continue 语句

（1）break 语句

break 语句通常用在开关语句中和循环语句。当 break 用于开关语句 switch 中时，可使程序跳出 switch 而执行 switch 以后的语句。break 在 switch 中的用法已在前面介绍开关语句时的例子中碰到，这里不再举例。

当 break 语句用于 do-while、for、while 循环语句中时，可使程序终止循环而执行循环后面的语句，通常 break 语句总是与 if 语句联在一起，即满足条件时便跳出循环。

例如:

```
void main(void)
{
    int i;
    for(i=1;i<=9;i++)
    {
        if(i==5)
        {
            break;
        }
        printf(" *");
        printf("\n");
    }
        printf("i=%d",i);
    getch();
}
```

程序中当变量 i 的值达到 5 时整个循环就会终止了，不会再去向下执行，所以最后输出的 i 值就是 5。

注意：*在多层循环中，一个 break 语句只向外跳一层。*

（2）continue 语句

continue 语句的作用是跳过循环体中剩余的语句而强行执行下一次循环。continue 语句只用在 for、while、do-while 等循环体中，常与 if 条件语句一起使用，用来加速循环。

【例 4.6】

```
void main(void)
{
    int i;
    for(i=1;i<=9;i++)
    {
        if(i==5)
        {
            continue;
        }
        printf("%d ",i);
            }
    printf("\n");
    getch();
}
```

运行结果：

```
Output:
1 2 3 4 6 7 8 9
```

本程序最后执行结果输出一个序列中没有出现 5，这是因为当程序运行到 i 等于 5 的时候执行 continue 跳出本次循环，语句 printf("%d ",i)没有被执行，接下来 i 变为 6 则继续向下循环输出。

4.4.2 一维数组

在程序设计中，为了处理方便，把具有相同类型的若干变量按有序的形式组织起来，这些按序排列的同类数据元素的集合称为数组。在 C 语言中，数组属于构造数据类型。一个数组可以分解为多个数组元素，这些数组元素可以是基本数据类型也可以是构造类型，因此按数组元素的类型不同，数组又可分为数值数组、字符数组、指针数组、结构数组等各种类别。数组可以是一维的、也可以是多维的。

1．一维数组的说明格式

类型 变量名[长度]；

例如：

```
int a[5];  //定义包含5个整数型元素的一维数组
char str[5];//定义包含5个字符型元素的一维数组
```

数组的定义要注意以下几个问题。

（1）数组的类型实际上是指数组元素的取值类型，包括整数型、浮点型、字符型、指针型以及结构和联合。对于同一个数组，其所有元素的数据类型都是相同的。

（2）数组名的书写规则应符合标识符的书写规定。

（3）数组名不能与其他变量名相同。

（4）方括号中常量表达式表示数组元素的个数，如 char str[5]表示字符型数组 str 有 5 个元素，但是其下标从 0 开始计算，因此 5 个元素分别为 str[0]， str[1]，str[2]，str[3]，str[4]。

（5）不能在方括号中用变量来表示元素的个数，可以用符号常数表示元素的个数。

（6）大多数字符串用一维数组表示。数组元素的多少表示字符串长度，数组名表示字符串中第一个字符的地址，例如在语句 char str[8] 说明的数组中存入"hello"字符串后，str 表示第一个字母"h"所在的内存单元地址。str[0] 存放的是字母"h"的 ASCII 码值，以此类推，str[4]存入的是字母"o"的 ASCII 码值，str[5]则应存放字符串终止符'\0'。

2．数组变量的初始化

数组赋值的方法除了用赋值语句对数组元素逐个赋值外，还可采用初始化赋值或动态赋值的方法。数组初始化赋值是指在数组说明时给数组元素赋予初值。

数组初始化的一般形式如下：

类型标识符 数组名[元素个数]={元素值列}；

有关数组的初始化说明如下。

（1）元素值列可以是数组所有元素的初值，也可以是前面部分元素的初值。

（2）当对全部数组元素赋初值时，元素个数可以省略。但“[ ]”不能省。此时系统将根据数组初始化时大括号内值的个数，决定该数组的元素个数。但是如果提供的初值小于数组希望的元素个数时，方括号内的元素个数不能省。

例如：

int a[10]={0,1,2,3,4};/*只给 a[0]～a[4]5 个元素赋值，后 5 个元素自动赋 0 值*/

int b[]={1,2,3};/*定义并初始化包含 3 个元素的整数型数组 b*/

（3）只能给元素逐一赋值，不能给数组整体赋值。

例如：

给十个元素全部赋值 1，只能写为：int a[10]={1,1,1,1,1,1,1,1,1,1};而不能写为 int a[10]=1;

（4）数组初始化的赋值方式只能用于数组的定义，定义之后再赋值只能对单个元素赋值。

3．一维数组元素的引用

数组必须先定义后使用。数组元素引用的一般形式是：

数组名[下标]；

其中的下标只能为整型常量或整型表达式。如为小数时，C 编译将自动取整。例 str[5]、str[i+j]、str[i++]都是合法的数组元素。在数组使用时要注意，C 语言规定只能逐个引用数组元素，而不能一次引用整个数组。例如，输出有 10 个元素的数组必须使用循环语句逐个输出各下标变量：

```
for(i=0; i<10; i++)
   printf("%d",a[i]);
```

而不能用一个语句输出整个数组，下面的写法是错误的：

```
printf("%d",a);
```

由此可见，数组名后中括号内的内容在不同场合的含义是不同的。在定义时它代表数组元素的个数，其他情况则是下标（与数组名联合起来表示某一个特定的数组元素）。

数组在使用时还要注意一下这样的技巧，就拿一维数组来说它包含两个变化的量，有序变化的下标和无规律变化的元素值，两者之间存在着一定的联系，即可通过下标来找到对应的元素值，经过练习你掌握了这项技巧你的编程技术就又有所提高了。

【例 4.7】从键盘依次输入 5 个整型数，按相反的顺序输出这些数。

```
main()
{
    int a[5];
    int i=0;
    printf("Input five integer:");
    for(i=0;i<5;i++)
    {
        scnaf("%d",&a[i]);
    }
    printf("output:");
    for(i=4;i>=0;i--)
    {
        printf("%d\n",a[i]);
    }
}
```

运行结果：

```
nput five integer:
```

```
1
2
3
4
5
output:
5
4
3
2
1
```

习 题

一、选择题

1. 以下语句中无限循环语句是（　　）。

   A. for(;2&5;);　　B. while(1,2,3);

   C. while('\0');　　D. for(;'\0';);

2. 若有 int x,y;，执行程序段：

```
for(x=1,y=1;y<50;y++)
{
  if (x>=10)
       break;
   if(x%2==1)
   {
        x+=5;
       continue;
   }
    x-=3;
}
```

   变量 x 的值最终为（　　）。

   A. 11　　B. 12　　C. 13　　D. 10

3. 若有 int x=3;，执行程序段：

```
do {
     printf("%3d",x-=2);
     }while(!(--x));
```

   输出的结果是（　　）。

   A. 13　　B. 1 -1　　C. 1 -2　　D. 1 -3

4. 有程序段：

```
int a;
```

```
for (scanf ("%d", &a);!a;)
  printf ("continue");
```

则 for 语句中的！a 等价于（　　）。

A. a!=0　　B. a= =0　　C. a>0　　D. a>=0

5. 以下描述不正确的是（　　）。

A. 使用 while 和 do-while 循环时，循环变量初始化的操作应在循环体语句之前完成

B. while 循环是先判断表达式，后执行循环语句

C. do-while 和 for 循环均是先执行循环语句，后判断表达式

D. for、while 和 do-while 循环中的循环体均可以由空语句构成

6. 与"for (i=0;i<10;i++)putchar ('a'+i);"功能不同的语句是（　　）。

A. for (i=0;i<10;)putchar ('a'+(++i));

B. for (i=0;i<10;) putchar ('a'+(i++));

C. for (i=0;i<10;putchar ('a'+i),i++);

D. for (i=0;i<=9;i++)putchar ('a'+i);

7. 在下列描述中，正确的一条是（　　）。

A. if（表达式）语句中，表达式的类型只限于逻辑表达式

B. 语句 goto 12；是合法的

C. for(；；)语句相当于 while(1)语句

D. break 语句可用于程序的任何地方，以终止程序的执行

8. 下面程序的输出结果是（　　）。

```
#include <stdio.h>
void main( )
{
    int i,j,m=0,n=0;
    for (i=0;i<2;i++)
    for (j=0;j<2;j++)
    if (j>=i)
          m=1;
    n++;
    printf("%d\n",n);
}
```

A. 4　　B. 2　　C. 1　　D. 0

9. 若输入字符串：abcde<回车>，则以下 while 循环体将执行（　　）次。

```
While((ch=getchar( ))= ='e')printf("*");
```

A. 4　　B. 5　　C. 0　　D. 任意

10. 设 j 为 int 型变量，则下面 for 循环语句的执行结果是（　　）。

```
for (j=10;j>3;j--)
{
  if (j%3)
      j--;
    --j;
```

```
    --j;
  printf ("%d",j);
}
```

A. 6 3　　B. 7 4　　C. 6 2　　D. 7 3

11. 以下循环体的执行次数是（　　）。

```
#include <stdio.h>
void main()
{
    int i,j;
    for (i=0,j=1;i<=j+1;i+=2,j--)
        printf ("%d\n",i);
}
```

A. 3B. 2　　C. 1　　D. 0

12. 下面程序的输出结果是（　　）。

```
#include <stdio.h>
void main( )
{
     int a=-1,b=1,k;
     if((++a<0)&&!(b--<=0))
          printf("%d %d\n",a,b);
      else
          printf("%d %d\n",b,a);
}
```

A. -1 1　　B. 0 1　　C. 1 0　　D. 0 0

13. 以下程序的输出结果是（　　）。

```
#include <stdio.h>
void main( )
{
   int i;
     for(i=1;i<6;i++)
    {
      if(i%2)
        {
             printf("#");
              continue;
        }
      printf("*");
     }
    printf("\n");
 }
```

A. #*#*#　　B. #####　　C. *****　　D. *#*#*

14. 下面程序的输出结果是（　　）。

```
#include <stdio.h>
void main( )
{
  int x=5,a=0,b=0;
  if(x!=(a+b))
       printf("x=5\n");
   else
       printf("a=b=0\n");
}
```

A. 有语法错，不能通过编译

B. 通过编译，但不能连接

C. x=5

D. a=b=0

15. 下面程序的输出结果是（　　）。

```
#include <stdio.h>
void main( )
{
  int x=3;
   do{
        printf("%3d",x+=1);
   }while(--x);
}
```

A. 4　　B. 4 4　　C. 4 4 4　　D. 死循环

二、填空题

1. while 语句的特点是_________。
2. Do-while 语句的特点是_________。
3. Do-while 循环是当表达式为________时反复执行循环体，表达式为________时结束循环。
4. while 循环结构中，可以用_________退出循环；用_________退出本次循环。
5. 以下程序的功能是计算：s=1+12+123+1234+12345。请填空。

```
#include <stdio.h>
void main()
{
    int t=0,s=0,i;
    for( i=1; i<=5; i++)
    {
        t=i+_________;
        s=s+t;
    }
    printf("s=%d\n",s);
}
```

6. 设x和y均为int型变量,则执行下面的循环后，x、y的值分别为________ ,________ 。

```
for(y=1, x=1; y<=50; y++)
{
    if(x>=10)
     break;
    if(x%2 == 1)
    {
        x+=5;
        continue;
    }
    x-=3;
}
```

三、编程题

1. 找出1~999能被3整除且至少有一位数字为5的整数，以每行15个整数形式输出。

2. 输入起始年号，输出50年内的闰年。

3. 编写一个程序，它打印出个位数是6且能被3整除的所有三位正整数及其个数。要求一行打印8个数据。

4. 编程打印下面图形。

```
*********
 *******
  *****
   ***
    *
```

5. 编写一个程序，它打印出个位数是6且能被3整除的所有三位正整数及其个数。要求一行打印8个数据。

6. 在歌手大奖赛中有若干裁判为歌手打分，计算歌手最后得分的方法是：去掉一个最高分，去掉一个最低分，取剩余成绩的平均分。编写程序，输入一个歌手的若干成绩，以-1作为输入结束标记，计算歌手的最后得分。

7. 有100g的药品，用天平称量，砝码只有1g、2g、5g共3种，问：若要求加的砝码总数为50个，有几种不同的加法？若要求总数为30个呢？请编程求解上述问题。

8. 某些三位数，各位数字立方和等于该数本身，被称为水仙花数，编写程序输出这些数。

9. 1、2、3、4这4个数字，能组成多少个互不相同且无重复数字的三位数？编写程序输出这些数。

PART 5 项目 5 猜数字游戏

学习目标

- 提高用程序解决问题的能力
- 二维数组的基本认识
- “数学建模”在程序设计中的应用

你所要回顾的

本项目能够助你在编程技艺上得到进一步的攀升，但你要想升得更高、更快、更稳，那么你就需要时常地回顾以前你所学过的知识，当你每一次回顾这些知识的时候，你都会有新的发现，尤其在程序设计上。开始本项目的学习之前，你所要回顾的知识就是条件语句的基本用法、循环语句的基本用法及各种使用技巧，例如：有次数的循环使用 for 循环语句、while 循环中条件为真的死循环中结合条件语句和 break 退出循环的使用技巧。这些基本技法前面我们都有讲过了，希望你能时时回顾、时时练习、时时总结，这样就可将其用在合适的位置中发挥它们的威力。

你所要展望的

前面说了我们要回顾的一些知识，接下来聊聊我们要展望的，应用在此项目中的新知识。数组绝对是一个值得期待的新知识，它的出现大大地提高了编程的效率并给循环提供了无限的可能。数组已是这样的厉害了，那函数就更加威猛了，可使设计程序由复杂变简单。最后，要提到的是本项目最重要的也是必须掌握的，那就是“数学建模”编程思想，我暂且这样称呼它。在我认为这种思想就是要训练你把给定的问题转换成为数学模型或者叫数学公式，然后再将这些转换的模型用程序代码表示出来，那你的工作就完成了。

5.1 任务 1 猜数字游戏

5.1.1 现在你要做的事情

在计算机上设置一个没有重复数字的 4 位数，不能让猜的人知道，猜的人就可以开始猜。每次猜一个数字，出数者就要根据这个数字给出有几个 A 有几个 B，其中 A 前面的数字表示位置正确的数的个数，而 B 前的数字表示数字正确而位置不对的数的个数。

如正确答案为 5234，如猜的人猜 5346，则是 1A2B，其中有一个 5 的位置对了，记为 1A，而 3 和 4 这两个数字对了，而位置没对，因此记为 2B，合起来就是 1A2B。

接着猜的人再根据出题者的几个 A 几个 B 继续猜，直到猜中为止。

次数限制：有的时候，这个游戏有猜测次数上的限制。根据计算机测算，如果以最严谨的计算，任何数字可以在 7 次之内猜出。而有些地方把次数限制为 6 次或更少，则会导致有些数可能猜不出来。而有些地方考虑到人的逻辑思维难以达到计算机的那么严谨，设置为 8 次甚至 10 次。也有的没有次数上的限制。我们今天要做的这个游戏就设定次数为 8 次。

5.1.2 参考的执行结果

游戏程序设计完成后在编译器上执行，首先进入图 5-1 所示游戏开始选择菜单，输入选择的菜单编号，一般情况下刚开始选择 1 号菜单进入图 5-2 所示界面来设置要进行游戏猜数的四位数，设置成功后进入图 5-3 所示界面开始进行猜数字游戏。

```
****menu****
set number input 1
guess number input 2
exit input 3
input your select items:
```

图 5-1 游戏开始选择菜单

```
****menu****
set number input 1
guess number input 2
exit input 3
input your select items:1
input number:7856
ok press any key_
```

图 5-2 设置要猜的数

```
****menu****
set number input 1
guess number input 2
exit input 3
input your select items:2
di 1 ci shu ru:4562
0A2B
di 2 ci shu ru:5864
1A3B
di 3 ci shu ru:5869
1A3B
di 4 ci shu ru:7859
3A3B
di 5 ci shu ru:7856
4A4B
win!****menu****
set number input 1
```

图 5-3 游戏猜数过程

5.1.3 我给你的提示

C 语言是过程化程序设计语言，它在运用中是要将大任务划分成若干个子任务（函数），因此我们这个题就要用这种思想。

第一步，采用下面这几个输出函数来设计如图 5-1 所示的游戏开始选择菜单。

```
printf("****menu****\n");
printf("set number input 1\n");
printf("guess number input 2\n");
printf("exit input 3\n");
printf("input your select items:");
```

第二步，为玩家提供一个变量 ch 来收录玩家的选择，此变量也为后面程序继续运行提供了选择条件。

```
if(ch==1)
{
    设置被猜的数语句体;
}
```

当玩家选择 1 的时候表示玩家要设置被猜的数，因此使用条件语句进行判断后，设计设置数代码程序，进入设置被猜数字界面进行设置。

```
if(ch==2)
{
    猜数字代码程序;
}
```

当玩家选择 2 时表示玩家要进行猜数游戏，这时被猜数字已经设置完毕，使用条件语句判断玩家输入的选择项，进行猜数字过程的代码程序设计，进入猜数游戏界面来按提示猜数。

```
if(ch==3)
    break;
```

当玩家选择 3 时表示玩家现在有别的事要做了，想要退出游戏，所以使用条件语句判断玩家输入的选项为 3，使用 break 退出游戏运行的循环体。

第三步，在主函数中做一个循环条件为 1 的 while 循环，把第一步和第二步创建的东西包含在里面。这一点是很重要的，条件为 1 的循环为无限循环，这样你的游戏也就会一直在运行，直到玩家选择退出的时候才退出，也只有这样你做的东西才会看起来像一个软件。

第四步，在主函数设计中，设置被猜数字的程序代码时我们用一个整数型变量 num 来保存设置要猜的四位数，而做比较的时候我们是按每一位上的数字进行比较的，所以我们要对这个数按位进行拆分，使之变成四个数字，我们用一个数组 b[]来保存 4 位数各个位上的数字，其中 b [0]放个位上的数字，b [1]放十位上的数字，b[2]放百位上的数字，b[3]放千位上的数字。如果当前的 4 位数是 num，那么其个位上的数就是 num %10，除去个位后剩余的 3 位数就是 num /10；获取十位上的数字就得用公式（num /10）%10；获取百位上的数字公式就是((num /10)/10)%10，由此可得到下列程序段获取各位上的数字放到数组 b 中：

```
for(i=0;i<4;i++)
{
```

```
    b [i]= num %10;
    num = num /10;
}
```

第五步，在主函数程序设计中，猜数字过程代码的程序设计依然要使用设置被猜数字代码段中所使用的分解四位数的思想，将每次玩家输入的数字进行分解，并保存在数组 a 中。接下来就要进行比较了，这里分两部分，第一部分比较位置和数字，每比较对一个数计数变量 k1 加 1。

```
for(i=0;i<4;i++)
    {
        if(a[i]==b[i])
            k1++;
    }
```

另一部分只比较数字不管位置，比较对一个数计数变量 k2 加 1。

```
for(i=0;i<4;i++)
    {
        for(s=0;s<4;s++)
            if(a[i]==b[s])
               k2++;
    }
```

如果 k1 和 k2 同时等于 4 则表示猜对了数，提示猜对了并退出猜数返回菜单，否则的话将 k1 和 k2 清零，猜数次数变量 x 加 1 并重新猜数，直到猜过 8 次，提示你猜数失败并返回菜单重新进行游戏。

5.1.4 验证成果

以下是本程序代码（仅供参考）。

```
#include "stdio.h"
#include "conio.h"
int main(void)
{
    int b[4],num,i,ch=0;
    int j=0,s=0,x=0,k1=0,k2=0;
    int a[4];
    /*条件为 1 的无限循环作为软件运行的主体，等待退出命令*/
    while(1)
    {
        printf("****menu****\n");
        printf("set number input 1\n");
        printf("guess number input 2\n");
        printf("exit input 3\n");
        printf("input your select items:");
        scanf("%d",&ch);
```

```
/*选择变量为 1 调用设置被猜数字函数*/
if(ch==1)
{
    printf("input number:");
    /*输入被猜的数字，存放在变量 num 中*/
    scanf("%d",&num);
    /*将四位数拆分并按高低位存放在数组 b 中*/
    for(i=3;i>=0;i--)
    {
        b[i]=num%10;
        num=num/10;
    }
    printf("ok press any key");
    /*等待*/
    getch();
    /*清屏*/
    clrscr();
}
/*选择变量为 2 调用猜数游戏函数*/
if(ch==2)
{
    /*i、j、s 用于进行循环，x 用于记录猜数的次数，k1 用于记录位置相同
    且数相同的数字个数、k2 记录数相同的数字个数*/
    i=0,j=0,s=0,x=0,k1=0,k2=0;
    while(1)
    {
      x++;
      printf("di %d ci shu ru:",x);
      /*输入要猜的数放在变量 j 中*/
      scanf("%d",&j);
      /*将输入的 4 位数进行拆分放到数组 a 中*/
      for(i=3;i>=0;i--)
      {
          a[i]=j%10;
          j=j/10;
      }
      /*比较位置和数字都一致的*/
      for(i=0;i<4;i++)
      {
          if(a[i]==b[i])
             k1++;
```

```
            }
            /*只比较数字不管位置*/
            for(i=0;i<4;i++)
            {
                for(s=0;s<4;s++)
                    if(a[i]==b[s])
                        k2++;
            }
            printf("%dA%dB\n",k1,k2);
            /*如果已经猜了 8 次还没有猜对，那么就要提示并退出这一轮游戏*/
            if(x==8)
            {
                printf("your time over back menu\n");
                break;
            }
            /*猜对了数字，提示胜利*/
            if(k1==4&&k2==4)
            {
                printf("win!");
                break;
            }
            /*将计数变量清零*/
            k1=0;
            k2=0;
          }
        }
        /*选择变量为 3 退出循环结束游戏*/
        if(ch==3)
        {
            break;
        }
    }

    getch();
    return 0;
}
```

5.2 任务2 做好事问题求解

5.2.1 现在你要做的事情

某学校为表扬好人好事须核实一件事，老师找了A、B、C、D四个学生，A说："不是我"。B说："是C"。C说："是D"。D说："C胡说"。这四个人中三个人说了实话。请问：这件好事是谁做的?

5.2.2 参考的执行结果

程序运行的结果如图5-4所示。

```
thisman is C
_
```

图5-4 程序运行结果图

5.2.3 我给你的提示

解决本任务我们要使用枚举的方法来解决，既然要找出做好事人，那么我们就在程序里定义字符型变量thisman来表示做好事的人，thisman可以从A、B、C、D取值，又因为字符用ASCII码来存储，因此可以使用循环来对thisman变量进行枚举，直到找到满足条件的人为止，接下来我们来看做好事的人出现的条件。

这个条件与每个人说的话有关系，那么每个人说的话就可以用程序中的表达式来表示：

A：thisman!='A'

B：thisman=='C'

C：thisman=='D'

D：thisman!='D'

又知道有三个人说了真话，一个人说了假话，这就表示上面四个表达式当中有三个真（1），一个假（0），也就是四个表达式相加的和为3的时候，做好事的人就找到了。

5.2.4 验证成果

以下是本程序代码，仅供参考：

```
#include "stdio.h"
#include "conio.h"

void main(void)
{
    char thisman;/*定义变量用来保存做好事的人*/
    int sum=0;/*求和变量*/
    /*循环枚举做好事的人*/
```

```
    for(thisman='A';thisman<='D';thisman++)
    {
        /*对四个人所说的话进行求和，真话为 1，假话为 0*/
        sum=(thisman!='A')+(thisman=='C')
                +(thisman=='D')+(thisman!='D');
        /*判断和是否为 3，真话 3，假话 1*/
        if(sum==3)
        {
            /*找到做好事的人，输出*/
            printf("thisman is %c\n",thisman);
        }

    }
    getch();

}
```


5.3 技术支持

5.3.1 一维数组

在程序设计中，为了处理方便，把具有相同类型的若干变量按有序的形式组织起来。这些按序排列的同类数据元素的集合称为数组。在 C 语言中，数组属于构造数据类型。一个数组可以分解为多个数组元素，这些数组元素可以是基本数据类型或是构造类型。因此按数组元素的类型不同，数组又可分为数值数组、字符数组、指针数组、结构数组等各种类别。数组可以是一维的、也可以是多维的。

1．一维数组的说明格式

类型 变量名[长度];

例如：

```
int a[5];//定义包含 5 个整数型元素的一维数组
char str[5];//定义包含 5 个字符型元素的一维数组
```

数组的定义要注意以下几个问题：

（1）数组的类型实际上是指数组元素的取值类型，包括整数型、浮点型、字符型、指针型以及结构和联合。对于同一个数组，其所有元素的数据类型都是相同的。

（2）数组名的书写规则应符合标识符的书写规定。

（3）数组名不能与其他变量名相同。

（4）方括号中常量表达式表示数组元素的个数，如 char str[5]表示字符型数组 str 有 5 个元素。但是其下标从 0 开始计算。因此 5 个元素分别为 str[0]，str[1]，str[2]，str[3]，str[4]。

（5）不能在方括号中用变量来表示元素的个数，但是可以是符号常数。

（6）大多数字符串用一维数组表示。数组元素的多少表示字符串长度，数组名表示字符串中第一个字符的地址，例如在语句 char str[8]说明的数组中存入 hello 字符串后，str 表示第一个字母 h 所在的内存单元地址。str[0]存放的是字母 h 的 ASCII 码值，以此类推，str[4]存入的是字母 o 的 ASCII 码值，str[5]则应存放字符串终止符'\0'。

2．数组变量的初始化

给数组赋值的方法除了用赋值语句对数组元素逐个赋值外，还可采用初始化赋值和动态赋值的方法。数组初始化赋值是指在数组说明时给数组元素赋予初值。

数组的初始化一般形式如下：

类型标识符 数组名[元素个数]={元素值列};

有关数组的初始化的说明如下。

（1）元素值列，可以是数组所有元素的初值，也可以是前面部分元素的初值。

（2）当对全部数组元素赋初值时，元素个数可以省略。但“[ ]”不能省。此时系统将根据数组初始化时大括号内值的个数，决定该数组的元素个数。但是如果提供的初值小于数组希望的元素个数时，方括号内的元素个数不能省。

例如：

```
int a[10]={0,1,2,3,4};/*只给a[0]~a[4]5个元素赋值，而后5个元素自动赋0值*/
int b[]={1,2,3};/*定义并初始化包含3个元素的整数型数组b*/
```

（3）只能给元素逐个赋值，不能给数组整体赋值。

例如：

给十个元素全部赋 1 值，只能写为：int a[10]={1,1,1,1,1,1,1,1,1,1};而不能写为 int a[10]=1;。

（4）数组初始化的赋值方式只能用于数组的定义，定义之后再赋值只能一个元素一个元素地赋值。

3．一维数组元素的引用

数组必须先定义后使用。数组元素引用的一般形式是：

数组名[下标];

其中的下标只能为整型常量或整型表达式。如为小数时，C 编译将自动取整。str[5]，str[i+j]，str[i++]都是合法的数组元素。在数组的使用时要注意：C 语言规定只能逐个引用数组元素，而不能一次引用整个数组。例如，输出有 10 个元素的数组必须使用循环语句逐个输出各下标变量：

```
for(i=0; i<10; i++)
    printf("%d",a[i]);
```

而不能用一个语句输出整个数组，下面的写法是错误的：

```
printf("%d",a);
```

由此可见，数组名后中括号内的内容在不同场合的含义是不同的：在定义时它代表数组元素的个数，其他情况则是下标（与数组名联合起来表示某一个特定的数组元素）。

数组在使用时还要注意一下这样的技巧，就拿一维数组来说，它包含两个变化的量，有序变化的下标和无序变化的元素值，两者之间存在着一定的联系，即可通过下标来找到对应的元素值，经过练习你掌握了这项技巧的话，你的编程技术就又有所提高了。

4．数组的几个例子

【例 5.1】从键盘依次输入 5 个整型数，按相反的顺序输出这些数。

```
main()
```

```
{
    int a[5];
    int i=0;
    printf("Input five integer:");
    for(i=0;i<5;i++)
    {
        scnaf("%d",&a[i]);
    }
    printf("output:");
    for(i=4;i>=0;i--)
    {
        printf("%d\n",a[i]);
    }
}
```

运行结果:

```
Input five integer:
1
2
3
4
5
output:
5
4
3
2
1
```

【例 5.2】. 字符数组的初始化及输出。

```
main( )
{
    char c[5]={'a' ,'b' ,'c' ,'d' ,'e'};
    int  i;
    for (i=0;i<5;i++)
        printf ("%c\n", c[i]);
}
```

运行结果:

```
a
b
c
d
e
```

【例 5.3】直线上有以下点{2，5，8，9，12，25，26}，输入一个直线上的坐标，输出距离输入坐标最近的点。

```
main()
{
    int a[7]={2,5,8,9,12,25,26};
    int b[7]={0,0,0,0,0,0,0};/*用于存放距离 */
    int i,x,min;
    printf("Input:");
    scanf("%d",&x);
    for(i=0;i<7;i++)
        b[i]=abs(x-a[i]);/*x与a数组中下标为i的点的距离放于b数组中下标
                为i的元素*/
    min=b[0];
    for(i=1;i<7;i++)
        if(min>b[i])
            min=b[i];
    for(i=0;i<7;i++)
    {
        if(min==b[i])
          {
              printf("output: \n%d\n",a[i]); /*b数组中最小距离的元素下标
                        与a数组中元素下标是对应的，因此找到下标i为最
                        小距离则数组a中下标为i的元素就是最近的点*/
              break;
          }
    }
}
```

运行结果：

```
Input:
7
output:
8
```

5.3.2 二维数组

在解决某些问题上一位数组已不能满足我们的需要，例如二维游戏中地图坐标定点等问题，为了更方便地解决这些问题，C 语言中给了我们另一数组形式——二维数组。二维数组的使用很好地解决了一信息原型具有多数据属性的问题。

1．二维数组的定义

二维数组的定义形式为

类型标识符 数组名[元素个数 1][元素个数 2];

二维数组在概念上是二维的，即是说其下标在两个方向上变化，下标变量在数组中的位置也处于一个平面之中， 而不是像一维数组只是一个向量。但是，实际的硬件存储器却是连续编址的， 也就是说存储器单元是按一维线性排列的。 如何在一维存储器中存放二维数组，可有两种方式：一种是按行排列， 即放完一行之后顺次放入第二行。另一种是按列排列， 即放完一列之后再顺次放入第二列。在C语言中，二维数组是按行排列的。

例如：

```
int a[3][4];
```

说明了一个三行四列的数组，数组名为a，其下标变量的类型为整型。该数组的下标变量共有3×4个，即：

```
a[0]  a[0][0],a[0][1],a[0][2],a[0][3]
a[1]  a[1][0],a[1][1],a[1][2],a[1][3]
a[2]  a[2][0],a[2][1],a[2][2],a[2][3]
```

按行顺次存放，先存放 a[0]行，再存放 a[1]行，最后存放 a[2]行。每行中有四个元素也是依次存放。由于数组 a 说明为 int 类型，该类型占两个字节的内存空间，所以每个元素均占有两个字节。

2．二维数组的引用

二维数组中元素的表示形式为：

数组名[下标 1][下标 2]

同一维数组一样，二维数组的下标可以是整型常量、整型变量或者整型表达式。为了便于理解二维数组下标的含义，我们可以将二维数组看作一个行列式或矩阵，则下标 1 用来确定元素的行号（从 0 开始，小于等于“元素个数 1”减 1），下标 2 用来确定元素的列号（从 0 开始，小于等于“元素个数 2”减 1）。

3．二维数组的初始化

二维数组初始化也是在类型说明时给各下标变量赋以初值。二维数组可按行分段赋值，也可按行连续赋值。例如数组 a[5][3]。

（1）按行分段赋值可写为：

```
int a[5][3]={{80,75,92},{61,65,71},{59,63,70},{85,87,90},{76,77,85}};
```

（2）按行连续赋值可写为：

```
int a[5][3]={80,75,92,61,65,71,59,63,70,85,87,90,76,77,85};
```

这两种赋初值的结果是完全相同的。

对于二维数组初始化赋值还有以下说明。

（1）可以只对部分元素赋初值，未赋初值的元素自动取 0 值。

例如，`int a[3][3]={{1},{2},{3}};`

是对每一行的第一列元素赋值，未赋值的元素取 0 值。

赋值后各元素的值为 1 0 0 2 0 0 3 0 0。

```
int a [3][3]={{0,1},{0,0,2},{3}};
```

赋值后的元素值为 0 1 0 0 0 2 3 0 0。

（2）如对全部元素赋初值，则第一维的长度可以不给出。

例如： `int a[3][3]={1,2,3,4,5,6,7,8,9};`

可以写为：

```
int a[][3]={1,2,3,4,5,6,7,8,9};
```

数组是一种构造类型的数据。二维数组可以看作是由一维数组的嵌套而构成的。设一维数组的每个元素又是一个数组， 就组成了二维数组。当然，前提是各元素类型必须相同。根据这样的分析，一个二维数组也可以分解为多个一维数组。C语言允许这种分解有二维数组a[3][4]，可分解为三个一维数组，其数组名分别为a[0],a[1],a[2]。对这三个一维数组不需另作说明即可使用。这三个一维数组都有 4 个元素，例如：一维数组 a[0]的元素为a[0][0],a[0][1],a[0][2],a[0][3]。必须强调的是，a[0],a[1],a[2]不能当作下标变量使用，它们是数组名，不是一个单纯的下标变量。

【例 5.4】二维数组的初始化与输出。

```
void main()
{
    int i,j,a[2][3],b[2][3];
    /*给二维数组中元素赋值*/
    for (i=0;i<2;i++)          /*i 控制行*/
        for (j=0;j<3;j++)      /*j 控制列*/
            a[i][j]=i;         /*数组 a 的元素等于其对应行号*/
    for (i=0;i<2;i++)
        for (j=0;j<3;j++)
            b[i][j]=j;
    /*输出二维数组 a*/
    printf("array a:\n");
    for (i=0;i<2;i++)
    {
        for (j=0;j<3;j++)
            printf("%3d",a[i][j]);
       printf("\n");
    }
    /*输出二维数组 b*/
    printf("array b:\n");
    for (i=0;i<2;i++)
    {
        for (j=0;j<3;j++)
            printf("%3d",b[i][j]);
        printf("\n");
    }
}
```

运行结果:

```
Output:
array a:
```

```
  0 0 0
  1 1 1
 array b:
  0 1 2
  0 1 2
```

【例 5.5】计算 3×3 矩阵的两条对角线（主、辅对角线）上的元素之和。

```
#define M 3
main()
{
  int a[M][M],i,j,s=0; /*s存放累加和*/
  printf("Please Input numbers:\n");
  for(i=0;i<M;i++) /*二维数组的输入*/
     for(j=0;j<M;j++)
       scanf("%d",&a[i][j]);
  for(i=0;i<M;i++)
     for(j=0;j<M;j++)
       if(i==j||i+j==M-1)s=s+a[i][j];
       printf("s=%d",s);
}
```

运行结果：

```
Input:
Please Input numbers:
1 2 3 4 5 6 7 8 9
Output:
s=25
```

5.3.3 数学建模

1．数学建模的意义

数学建模是一种数学的思考方法，是运用数学的语言和方法，通过抽象、简化建立能近似刻画并“解决”实际问题的一种强有力的数学手段。

数学建模就是用数学语言描述实际现象的过程。这里的实际现象既包含具体的自然现象，比如自由落体现象，也包含抽象的现象比如顾客对某种商品所取的价值倾向。这里的描述不但包括外在形态、内在机制的描述，也包括预测、实验和解释实际现象等内容。

数学模型一般是实际事物的一种数学简化。它常常是以某种意义上接近实际事物的抽象形式存在的，但它和真实的事物有着本质的区别。要描述一个实际现象可以有很多种方式，比如录音、录像、比喻、传言等。为了使描述更具科学性，逻辑性，客观性和可重复性，采用一种人们普遍认为比较严格的语言来描述各种现象，这种语言就是数学。使用数学语言描述的事物就称为数学建模。有时候我们需要做一些实验，但这些实验往往用抽象出来了的数学模型作为实际物体的代替而进行相应的实验，实验本身也是实际操作的一种理论替代。

应用数学去解决各类实际问题时，建立数学模型是十分关键的一步，同时也是十分困难的一步。建立教学模型的过程，是把错综复杂的实际问题简化、抽象为合理的数学结构的过程。要通过调查、收集数据资料，观察和研究实际对象的固有特征和内在规律，抓住问题的主要矛盾，建立起反映实际问题的数量关系，然后利用数学的理论和方法去分析和解决问题。这就需要深厚扎实的数学基础，敏锐的洞察力和想象力，对实际问题的浓厚兴趣和广博的知识面。数学建模是联系数学与实际问题的桥梁，是数学在各个领域广泛应用的媒介，是数学科学技术转化的主要途径。数学建模在科学技术发展中的重要作用越来越受到数学界和工程界的普遍重视，它已成为现代科技工作者必备的重要能力之一。

2．数学建模的几个过程

模型准备：了解问题的实际背景，明确其实际意义，掌握对象的各种信息。用数学语言来描述问题。

模型假设：根据实际对象的特征和建模的目的，对问题进行必要的简化，并用精确的语言提出一些恰当的假设。

模型建立：在假设的基础上，利用适当的数学工具来刻画各变量之间的数学关系，建立相应的数学结构（尽量用简单的数学工具）。

模型求解：利用获取的数据资料，对模型的所有参数做出计算（估计）。

模型分析：对所得的结果进行数学上的分析。

模型检验：将模型分析结果与实际情形进行比较，以此来验证模型的准确性、合理性和适用性。如果模型与实际较吻合，则要对计算结果给出其实际含义，并进行解释。如果模型与实际吻合较差，则应该修改假设，再次重复建模过程。

模型应用：应用方式因问题的性质和建模的目的而异。

3．一般建模分类

根据不同层次特点，一般将建模分成四类。

（1）直接建模法

当信息原型比较简单、其属性显而易见时，通常用直接建模法，即直接按数学方法综合信息模型中显而易见的属性，建立与信息原型相对应的模型。如此得到的模型针对性强，不具有普遍意义。直述式模拟或数据关系明显的统计题一般采用直接建模法。例如，给出每个学生各项竞赛成绩，要求对每项竞赛成绩排名。或者给出每项竞赛成绩的权重公式，要求对学生竞赛的总成绩进行排名。显然，信息原型的各个属性十分明确，题目本身也有一定程度的抽象，性质大都有数学语言描述，更有利于直接建立模型。这样的问题主要是思考怎样更好地将信息原型的已知属性按数学方法综合起来。

（2）套用常用模型法

建模时，往往先向常用的经典模型靠拢，而且一旦符合，就直接使用该模型，套用其算法。

（3）有针对性的修改常用的模型法

一个信息原型一定有它独特的属性，所以要对被套用的常用模型或经典模型进行适当的修改，将独特的属性加入，以试图优化模型和算法。

（4）综合创造法

有很多问题很难用模仿的方法来解决。如果信息原型的属性不明显，就很难直接建模。这时，就要运用综合创造法。

综合创造法是根据数学理论知识，运用已知模型或方法来分析信息原型的属性，在此基础上创造出具有新意的模型或方法。该模型或方法具有很强的适用性，可以解决这一类问题。

【例 5.6】已知 *n* 个数字各不相同，求其中第 *k* 大的数是多少？

思路

这是一简单的问题，我们完全可以套用常用的快速排序模型来解决，即对所有数字进行排序，然后取出第 *k* 大的数字输出即可。

但是，还有其他的方法。信息原型中毕竟有它独特的属性：是求第 *k* 大的数，不是求全部数的有序排列，我们将这点独特属性考虑到快速排序中去。

快速排序的基本思想关键在于不断调整使分治点左边的数不大于（或不小于）分治点，右边的数不小于（或不大于）分治点。

一般快速排序，当找到一个分治点 *x*，序列就以 *x* 为分治点，分成左右两部分，之后要分别对这两部分继续排序。可是，本题仅仅要找到第 *k* 大的数，那就意味着：

- 当 $x>k$ 的时候，第 *k* 大的数一定在左边部分，右边部分就不用继续排序了。
- 当 $x<k$ 的时候，第 *k* 大的数一定在右边部分，左边部分就不用继续排序了。
- 当 $x=k$ 的时候，就找到答案，不用继续排序了。

原来的快速排序每次要递归调用排序的两个部分。而这种“变异”了的“快速排序”每次最多只要调用递归排序的一个部分。

具体算法：

```
const maxn=10001; /*序列长度的上限*/
long a[maxn];  /*序列*/
long i,n,k;   /*序列长度为 n，被寻找的数大小为 k*/
proc qsort(long l,long r,long k)/*用类似快速排序的方法在 a[l..r]中计算第 k 大的数*/
{
    long i,j,x,t,m;
    {
        if(l<=r)
        {
            i=l;
            j=r;
            x=a[m];
            m=(l+r)/2;/*左右指针和中间指针初始化，取出中间元素 m。将 a 分成
大于等于 a[m]的左子区间 a[l..j]和小于等于 a[m]右子区间 a[i..r]*/
            repeat
            while(i<=j)and(a[i]>=x) do inc(i);
            while(i<=j)and(a[j]<=x) do dec(j);
            if(i<=j)
            {
                t=a[i];
                a[i]=a[j];
                a[j]=t;
                /*若 a[i]<x,a[j]>x,则交换 a[i]和 a[j]*/
            }
            until i>j;
```

```
            if(m==k) /*若第 k 大的数位于区间的中间位置，则输出并成功退出*/
            {
              writeln(a[k]);
              exit;
            }
            if(k<m)
            {
               qsort(l,j.k);/*递归第 k 大的数所在的左区间*/
            }
            if(k>m)
            {
               qsort(i,r.k);/*递归第 k 大的数所在的右区间*/
            }

         }
      }
   }
   main()
   {
      read(n);
     for(i=1;i<=n;i++)
         read(a[i]);/*输入序列*/
      read(k);/*输入被寻找数的大小*/
      qsort(l,n,k);/*用类似快速排序的方法在 a[1..n]/中计算第 k 大的数*/
   }
```

在上面简单的模型设计中，运用了“有针对性地修改常用模型法”，注意该方法的运用主要讲究“针对”二字，找出信息原型的独特属性，并且有效地在算法中加以应用。

习　题

一、选择题

1. int a[4]={5,3,8,9};其中 a[3]的值为（　　）。

   A. 5　　B. 3　　C. 8　　D. 9

2. 以下 4 个数组定义中，（　　）是错误的。

   A. int a[7];　　B. #define N 5 long b[N];　　C. char c[5];　　D. int n,d[n];

3. 对字符数组进行初始化，（　　）形式是错误的。

   A. char c1[ ]={'1', '2', '3'};

   B. char c2[ ]=123;

   C. char c3[ ]={ '1', '2', '3', '\0'};

   D. char c4[ ]="123";

4. 在数组中，数组名表示（ ）。

A.数组第一个元素的首地址

B.数组第二个元素的首地址

C. 数组所有元素的首地址

D.数组最后一个元素的首地址

5. 若有以下数组说明，int a[12] ={1,2,3,4,5,6,7,8,9,10,11,12}; 则数值最小的和最大的元素下标分别是（ ）。

A. 1,12　B. 0,11　C. 1,11　D. 0,12

6. 设有定义：char s[12] = "string"; 则 printf("%d\n",strlen(s)); 的输出是（ ）。

A. 6　B. 7　C. 11　D. 12

7. 设有定义：char s[12] = "string"; 则 printf("%d\n ", sizeof(s)); 的输出是（ ）。

A. 6　B. 7　C. 11　D. 12

8. 合法的数组定义是（ ）。

A. char a[ ]= "string " ;

B. int a[5] ={0,1,2,3,4,5};

C. char a= "string " ;

D. char a[ ]={0,1,2,3,4,5}

9. 合法的数组定义是（ ）。

A. int a[3][ ]={0,1,2,3,4,5};

B. int a[ ][3] ={0,1,2,3,4};

C. int a[2][3]={0,1,2,3,4,5,6};

D. int a[2][3]={0,1,2,3,4,5,};

10. 下列语句中，正确的是（ ）。

A. char a[3][ ]={'abc', '1'};

B. char a[ ][3] ={'abc', '1'};

C. char a[3][ ]={'a', "1"};

D. char a[ ][3] ={ "a", "1"};

11. 下列定义 static str[3][20] ={ "basic", "foxpro", "Windows"}; printf("%s\n", str[2]) 的输出是（ ）。

A. basic　B. foxpro　C. Windows　D. 输出语句出错

12. 下列各语句定义了数组，其中哪一个是不正确的（ ）。

A. char a[3][10]={"China","American","Asia"};

B. int x[2][2]={1,2,3,4};

C. float x[2][ ]={1,2,4,6,8,10};

D. int m[][3]={1,2,3,4,5,6};

13. 数组定义为 int a[3][2]={1,2,3,4,5,6}，值为 6 的数组元素是（ ）。

A. a[3][2]　B. a[2][1]　C. a[1][2]　D. a[2][3]

14. 下面的程序中哪一行有错误（ ）。

```
#include <stdio.h>
main()
{
```

```
float array[5]={0.0};          //第A行   int i;
for(i=0;i<5;i++)
        scanf("%f",&array[i]);
  for(i=1;i<5;i++)
        array[0]=array[0]+array[i];//第B行
  printf("%f\n",array[0]);  //第C行
}
```

A. 第A行　　B. 第B行　　C. 第C行　　D. 没有

15. 下面哪一项是不正确的字符串赋值或赋初值的方式（　　）。

A. char *str; str="string";

B. char str[7]={'s','t','r','i','n','g'};

C. char str1[10];str1="string";

D. char str1[]="string",str2[]="12345678";

16. 若有以下说明和语句，则输出结果是（　　）(strlen(s)为求字符串 s 的长度的函数) char s[12]="a book!";　printf("%d",strlen(s));。

A. 12　　B. 8　　C. 7　　D. 11

二、填空题

1. C语言中，数组的各元素必须具有相同的_________，元素的下标下限为_________，下标必须是正整数、0或者_________。

2. C语言中，数组在内存中占一片_________的存储区，由_________代表它的首地址。数组名是一个_________常量，不能对它进行赋值运算。

3. 执行 static int b[5], a[ ][3] ={1,2,3,4,5,6}; 后，b[4] = _________，a[1][2] = _________。

4. 设有定义语句 static int a[3][4] ={{1},{2},{3}}; 则 a[1][0]值为_________，a[1][1] 值为_________，a[2][1]的值为_________。

5. 如定义语句为 char a[ ]= "Windows"，b[ ]= "95";，语句 printf("%s",strcat(a,b));的输出结果为_________。

6. 根据以下说明，写出正确的说明语句。

men 是一个有10个整型元素的数组_________。

step 是一个有四个实型元素的数组，元素值分别为 1.9, －2.33, 0, 20.6：_________。

grid 是一个二维数组，共有4行，10列整型元素_________。

三、编程题

1. 从键盘上输入若干个学生的成绩，计算出平均成绩，并输出低于平均分的学生成绩，用输入负数结束输入。

2. 从键盘输入由五个字符组成的单词，判断此单词是不是 hello，并显示结果。

3. 计算一个字符串中子串出现的次数。

PART 6

项目 6 猴子吃桃

学习目标

- 函数的定义及使用技术
- 明确变量的作用域
- 理解"递归"算法

你所要回顾的

本项目能够助你在编程技艺上得到进一步的攀升，但你要想升得更高、更快、更稳，那么就需要回顾以前所学过的知识，当你每一次回顾这些知识的时候，都会有新的发现，尤其在程序设计上。开始本项目的学习之前，你所要回顾的知识有数组在程序中的运用技巧，还有比较重要的是怎样把问题转化为程序语言来进行描述，最终形成可执行的程序代码。这些基本技法前面我们都有讲过了，希望你能时时回顾、时时练习、时时总结，这样将其用在合适的位置中发挥它们的威力。

你所要展望的

前面说了我们要回顾的一些知识，接下来聊聊我们要展望的，应用在本项目中的新知识。上一个项目提到过的函数，就是我们所要学习的重点，因为在当下的项目中，无论是哪种语言都离不开函数，无论是系统函数还是用户自已开发的函数，学会了它们在程序中的运用技巧，可以使你在今后的开发中事半功倍。同时本项目中我们还要学习一个C语言中比较厉害的程序设计思想，那就是"递归"算法，它可就很有用了。掌握这种算法可以使你在今后的程序设计中少走不少弯路。好好学习吧。

6.1 任务1 改进的计算器

6.1.1 现在你要做的事情

本任务是对项目3中的计算器进行的改进，要求各运算部分用函数来实现。要求程序具有以下功能。

（1）做整型数的加、减、乘、除运算。

（2）根据选择菜单提示，输入要进行的运算。

（3）输入要参与运算的两个操作数。

（4）将运算结果显示出来。

（5）可以循环计算，用户自己控制退出。

6.1.2 参考的执行结果

（1）根据菜单提示输入想要进行的运算操作，得到如图 6-1 所示的结果。

```
********menu*******
*** add input + ***
*** sub input - ***
*** mul input * ***
*** div input / ***
*******************
select:  +
```

图 6-1　选择运算类型图

（2）输入两个操作数，并用“,”号分开，得到如图 6-2 所示的结果。

```
************menu************
******* add input + ********
******* sub input - ********
******* mul input * ********
******* div input / ********
****************************
select:  +
input x,y:6,9
sum=15
continue input 1,exit input 0,input:
```

图 6-2　运算结果图

（3）输入继续进行的选择数据 1 后得到如图 6-3 所示的结果。

```
************menu************
******* add input + ********
******* sub input - ********
******* mul input * ********
******* div input / ********
****************************
select:  +
input x,y:6,9
sum=15
continue input 1,exit input 0,input:
1
************menu************
******* add input + ********
******* sub input - ********
******* mul input * ********
******* div input / ********
****************************
select:  _
```

图 6-3　选择继续运行结果图

6.1.3 我给你的提示

本任务是在项目 3“计算器”的基础之上进行的改进升级，主要进行了两个方面的升级，一方面是所有的运算情况的处理使用子函数来实现，另一方面是计算器能够循环运行。

首先在主函数的前面声明四个子函数。

add()函数是用来进行加法运算处理的，本程序中我们直接在子函数中进行数据的输入，所以该函数没有参数的定义，同时输出部分也在子函数中完成，故函数也没有返回值。

第一步，定义三个整型变量 x、y、sum 其中 x 和 y 用来收录要进行操作的数据，sum 用来收录运算后的结果。

第二步，输出提示，输入要进行操作的两个数。

第三步，进行加法运算，把运算结果赋值给 sum。

第四步，输出运算结果。

sub()函数是用来进行减法运算处理的，其设计步骤与 add()函数相同，只是第三步改成减法运算即可。

mul()函数是用来进行乘法运算处理的，其设计步骤与 add()函数相同，只是第三步改成乘法运算即可。

div()函数是用来进行除法运算处理的，其设计步骤与 add()函数相同，只是第三步改成除法运算即可。

其次，在主程序的设计部分中，加入 while 循环，其条件是 1，也就是说如果循环体中不出现 break，语句循环将一直运行。

第一步，设计提示菜单，输入想要进行的运算。

第二步，使用 switch 语句对输入的运算选择进行判断，分别做 case 与之相对应，在做加、减、乘、除运算的 case 中调用相应的子函数。

第三步，提示“继续还是退出”，输入选择保存到变量 q 中，加 if 语句判断如果退出执行语句 break 退出循环。

6.1.4 验证成果

以下是本程序代码（仅供参考）。

```
#include "stdio.h"
#include "conio.h"
/*声明加法运算函数*/
void add()
{
    int x;/*定义整型变量 x 用来保存第一个操作数*/
    int y;/*定义整型变量 y 用来保存第二个操作数*/
    int sum=0;/*定义整型变量 sum 用来保存计算的结果*/
    /*输出提示*/
    printf("input x,y:");
    /*输入两个操作数分别存储到变量 x 和 y 中*/
    scanf("%d,%d",&x,&y);
```

```
        /*进行运算并将结果赋值给 sum*/
        sum=x+y;
        /*输出结果*/
        printf("sum=%d\n",sum);
    }
    /*声明减法运算函数*/
    void sub()
    {
        int x;/*定义整型变量 x 用来保存第一个操作数*/
        int y;/*定义整型变量 y 用来保存第二个操作数*/
        int sum=0;/*定义整型变量 sum 用来保存计算的结果*/
        /*输出提示*/
        printf("input x,y:");
        /*输入两个操作数分别存储到变量 x 和 y 中*/
        scanf("%d,%d",&x,&y);
        /*进行运算并将结果赋值给 sum*/
        sum=x-y;
        /*输出结果*/
        printf("sum=%d\n",sum);
    }
    /*声明乘法运算函数*/
    void mul()
    {
        int x;/*定义整型变量 x 用来保存第一个操作数*/
        int y;/*定义整型变量 y 用来保存第二个操作数*/
        int sum=0;/*定义整型变量 sum 用来保存计算的结果*/
        /*输出提示*/
        printf("input x,y:");
        /*输入两个操作数分别存储到变量 x 和 y 中*/
        scanf("%d,%d",&x,&y);
        /*进行运算并将结果赋值给 sum*/
        sum=x*y;
        /*输出结果*/
        printf("sum=%d\n",sum);
    }
    /*声明除法运算函数*/
    void div()
    {
        int x;/*定义整型变量 x 用来保存第一个操作数*/
        int y;/*定义整型变量 y 用来保存第二个操作数*/
        int sum=0;/*定义整型变量 sum 用来保存计算的结果*/
```

```
    /*输出提示*/
    printf("input x,y:");
    /*输入两个操作数分别存储到变量 x 和 y 中*/
    scanf("%d,%d",&x,&y);
    /*进行运算并将结果赋值给 sum*/
    sum=x/y;
    /*输出结果*/
    printf("sum=%d\n",sum);
}

int main(void)
{

    char op; /*定义字符型变量 op 用来保存选择运算的符号*/
    int q; /*控制退出变量*/
    while(1)
    {
        /*制作提示菜单*/
        printf("***********menu***********\n");
        printf("******* add input + ********\n");
        printf("******* sub input - ********\n");
        printf("******* mul input * ********\n");
        printf("******* div input / ********\n");
        printf("***************************\n");
        printf("select:  ");
        /*输入要进行运算的符号存储到变量 op 中*/
        scanf("%c",&op);
        /*使用多分支语句进行判断要做的运算*/
        switch(op)
        {
            /*进行加法运算的情况处理程序*/
            case '+':
                    /*调用加法函数*/
                    add();
                    /*退出多分支语句*/
                    break;
            /*进行减法运算的情况处理程序*/
            case '-':
                    /*调用减法函数*/
                    sub();
                    /*退出多分支语句*/
```

```
                    break;
          /*进行乘法运算的情况处理程序*/
          case '*':
                    /*调用乘法函数*/
                    mul();
                     /*退出多分支语句*/
                    break;
          /*进行除法运算的情况处理程序*/
          case '/':
                    /*调用除法函数*/
                    div();
                     /*退出多分支语句*/
                    break;
          /*输入的符号与要求不符*/
          default:   /*输出提示*/
                    printf("input error!");
                     /*退出多分支语句*/
                    break;
       }
       /*清除文件缓冲区，文件以写方式打开时将缓冲区内容写入文件*/
       fflush(stdin);
        /*输出提示*/
       printf("continue input 1,exit input 0,input:\n");
        /*输入选择数据赋值给变量q*/
       scanf("%d",&q);
       /*清除文件缓冲区，文件以写方式打开时将缓冲区内容写入文件*/
       fflush(stdin);
        /*判断，满足退出条件退出循环*/
       if(q==0)
       {
          break;
       }
    }
    getch();
    return 0;
}
```

6.2 任务2 猴子吃桃问题求解

6.2.1 现在你要做的事情

猴子第1天摘下若干个桃子，当即就吃了一半，还不过瘾，又多吃了1个，第2天又将剩下的桃子吃掉一半，又多吃了1个，以后每天早上都吃掉前1天剩下的一半多1个。到第10天早上想吃时发现只剩1个桃子了，利用递归算法编程求第1天共摘了多少个桃子？

6.2.2 参考的执行结果

程序运行得到的结果如图6-4所示。

```
The first day of the peach is number 1534
_
```

图6-4 程序运行结果图

6.2.3 我给你的提示

解决本任务要使用“递归”算法来完成，“递归”算法最重要的两点就是递归公式和递归结束条件，接下来我们逐一介绍。

首先，我们定义一个用来进行递归的函数f()，设置函数具有一个参数为整型的变量，用来表示天数，函数具有整型返回类型，返回的是桃子数。

其次，我们来推导一下递归公式，设定f(day)表示day天的桃子数。

第10天桃子数为：f(10)=1。

第9天桃子数为：f(9)=2*(f(10)+1)。

第8天桃子数为：f(8)=2*(f(9)+1)。

第7天桃子数为：f(7)=2*(f(8)+1)。

第6天桃子数为：f(6)=2*(f(7)+1)。

第5天桃子数为：f(5)=2*(f(6)+1)。

第4天桃子数为：f(4)=2*(f(5)+1)。

第3天桃子数为：f(3)=2*(f(4)+1)。

第2天桃子数为：f(2)=2*(f(3)+1)。

第1天桃子数为：f(1)=2*(f(2)+1)。

由上面的推导我们知道，要想求第1天的桃子数就得知道第2天的桃子数，求第2天的桃子数又要知道第3天的，依次推导下去直到知道第10天的桃子数后，再反推回来得到第1天的桃子数，这就是“递归”的过程，由程序自动执行，这里根据上面的推导得到“递归”的公式：

```
F(day)=2*(f(day +1)+1)。
```

递归结束的条件就是找到具体值，所以本任务递归结束的条件就是：

```
if(day==10)
{
```

```
    return 1;
}
```

也就是第10天，知道了桃子的具体数值是1。

最后，在主函数中调用f()函数就可以了。

6.2.4 验证成果

以下是本程序代码，仅供参考：

```
#include "stdio.h"
#include "conio.h"
/*声明函数f用于递归运算*/
/*参数day表示要求的天数*/
int f(int day)
{
    /*递归结束的条件*/
    if(day==10)
    {
        /*第10天剩1个桃子*/
        return 1;
    }
    else
    {
        /*天数增加，用于递归公式*/
        day++;
        /*使用递归公式，进行递归运算*/
        return 2*(f(day)+1);
    }

}
main()
{
    int sum;
    /*调用子函数f求第一天的桃子数*/
    sum=f(1);
    /*输出结果*/
    printf("The first day of the peach is number %d\n",sum);
    getch();
}
```

6.3 技术支持

6.3.1 函数

函数是C语言程序的重要组成部分，你对它应该不是很陌生了，前面的项目中我们都提到过，像主函数、输入函数和输出函数等。函数是由一些为了完成某些功能的代码组成的模块，通过对函数模块的调用实现特定的功能。C语言中的函数相当于其他高级语言的子程序。C语言不仅提供了极为丰富的库函数，还允许用户建立自己定义的函数。用户可把自己的算法编成一个个相对独立的函数模块，然后用调用的方法来使用函数。可以说C程序的全部工作都是由各式各样的函数完成的，所以也把C语言称为函数式语言。

由于采用函数模块式的结构，C语言易于实现结构化程序设计，使程序的层次结构清晰，便于程序的编写、阅读、调试。

在C语言中可从不同的角度对函数进行分类。

（1）从函数定义的角度看，函数可分为库函数和用户定义函数两种。

- 库函数：由C系统提供，用户无须定义，也不必在程序中作类型说明，只需在程序前包含有该函数原型的头文件，就可在程序中直接调用。在前面各章的例题中反复用到 printf、scanf、getchar、putchar、gets、puts、strcat 等函数均属此类。
- 用户定义函数：用户按需要写的函数。对于用户自定义函数，不仅要在程序中定义函数本身，而且在主调函数模块中对被调函数进行类型说明，然后才能使用。

（2）C语言的函数兼有其他语言中的函数和过程两种功能，从这个角度看，可把函数分为有返回值函数和无返回值函数两种。

- 有返回值函数：此类函数被调用执行完后将向调用者返回一个执行结果，称为函数返回值。如数学函数即属于此类函数。由用户定义的这种要返回函数值的函数，必须在函数定义和函数说明中明确返回值的类型。
- 无返回值函数：此类函数用于完成某项特定的处理任务，执行完成后不向调用者返回函数值。这类函数类似于其他语言的过程。由于函数无须返回值，用户在定义此类函数时可指定它的返回为“空类型”，空类型的说明符为 void。

（3）从主调函数和被调函数之间数据传送的角度看又可分为无参函数和有参函数两种。

- 无参函数：函数定义、函数说明及函数调用中均不带参数。主调函数和被调函数之间不进行参数传送。此类函数通常用来完成一组指定的功能，可以返回或不返回函数值。
- 有参函数：也称为带参函数。在函数定义及函数说明时都有参数，称为形式参数（简称为形参）。函数调用时必须给出参数，称为实际参数（简称为实参）。进行函数调用时，主调函数将把实参的值传送给形参，供被调函数使用。

（4）C语言提供了极为丰富的库函数，这些库函数又可从功能角度做以下分类。

- 字符类型分类函数：用于对字符按 ASCII 码分类，包括字母，数字，控制字符，分隔符，大小写字母等。
- 转换函数：用于进行字符或字符串的转换；在字符量和各类数字量（整型，实型等）之间进行转换；在大、小写之间进行转换。
- 目录路径函数：用于文件目录和路径操作。
- 诊断函数：用于内部错误检测。

- 图形函数：用于屏幕管理和各种图形功能。
- 输入输出函数：用于完成输入输出功能。
- 接口函数：用于与 DOS、BIOS 和硬件的接口。
- 字符串函数：用于字符串操作和处理。
- 内存管理函数：用于内存管理。
- 数学函数：用于数学函数计算。
- 日期和时间函数：用于日期、时间转换操作。
- 进程控制函数：用于进程管理和控制。

应该指出的是，在 C 语言中，所有的函数定义，包括主函数 main 在内，都是平行的。也就是说，在一个函数体内，不能再定义另一个函数，即不能嵌套定义。但是函数之间允许相互调用，允许嵌套调用。习惯上把调用者称为主调函数。函数还可以自己调用自己，称为递归调用。

main 函数是主函数，它可以调用其他函数，但不允许被其他函数调用。因此，C 程序的执行总是从 main 函数开始，完成对其他函数的调用后再返回到 main 函数，最后由 main 函数结束整个程序。一个 C 源程序必须有，也只能有一个主函数 main。

1．函数定义的一般形式

（1）无参函数的定义形式

```
返回值类型 函数名()
 {
        函数体语句;
 }
```

其中返回值类型是指函数中返回数据的类型，一般使用 return 返回，一个函数只允许返回一个数据值，如果没有返回值，这里的返回值类型为 void。函数名是由用户定义的标识符，函数名后有一个空括号，其中无参数，但括号不可少，在函数声明的时候这个小括号后面不能加“;”号。

“{}”中的内容称为函数体语句，是用来完成该函数功能的语句，与主函数中的语句设计是相通的的。

【例 6.1】无返回值无参数的加法计算。

```
#include "stdio.h"
#include "conio.h"
/*声明加法运算函数*/
void add()
{
    int x;/*定义整型变量 x 用来保存第一个操作数*/
    int y;/*定义整型变量 y 用来保存第二个操作数*/
    int sum=0;/*定义整型变量 sum 用来保存计算的结果*/
    /*输出提示*/
    printf("input x,y:");
    /*输入两个操作数分别存储到变量 x 和 y 中*/
    scanf("%d,%d",&x,&y);
    /*进行运算并将结果赋值给 sum*/
    sum=x+y;
```

```
    /*输出结果*/
    printf("sum=%d\n",sum);
}
int main(void)
{
    /*调用 add 函数*/
    add();
    getch();
    return 0;
}
Input:
1,2
Output:
sum=3
```

本程序定义了一个函数名为 add 的函数用来计算两个整数的和，函数 add 没有返回值，所以返回值类型为 void，同时在函数体语句中也就不会出现 return 语句。在主函数中调用了这个函数。函数调用就是指跳出调用函数的位置到被调用函数中去执行函数体语句。本例中在主函数中执行到 add 函数时候跳出主函数的执行，到 add 函数中去执行其内部的程序代码，当 add 函数体语句被执行完后程序再回到主函数中继续执行 getch()和后面的语句。在函数调用的时候一般形式是：

函数名(实际参数表);

本例中 add 函数没有参数，所以调用时小括号内为空。add 函数没有返回值，所以调用的时候不能把它放在等号的后面给其他变量赋值，下一个例子就是有返回值的，可以放在等号后面了。

【例 6.2】有返回值无参数的加法计算。

```
#include "stdio.h"
#include "conio.h"
/*声明加法运算函数*/
int add()
{
    int x;/*定义整型变量 x 用来保存第一个操作数*/
    int y;/*定义整型变量 y 用来保存第二个操作数*/
    int sum=0;/*定义整型变量 sum 用来保存计算的结果*/
    /*输出提示*/
    printf("input x,y:");
    /*输入两个操作数分别存储到变量 x 和 y 中*/
    scanf("%d,%d",&x,&y);
    /*进行运算并将结果赋值给 sum*/
    sum=x+y;
    /*返回值*/
        return sum;
}
```

```
int main(void)
{
    int sum;
    /*调用 add 函数*/
    sum=add();
    /*输出结果*/
    printf("sum=%d\n",sum);
    getch();
    return 0;
}
Input:
1,2
Output:
sum=3
```

本程序定义了一个函数名为add的函数用来计算两个整数的和，函数add具有整数类型的返回值，所以返回值类型为int，同时在函数体语句中使用return sum；语句将sum的值从函数中送出。在主函数中使用sum=add();语句调用函数add并将它的返回值送给sum最后输出。

（2）有参函数定义的一般形式

```
返回值类型 函数名（形式参数表）
{
    函数体语句;
}
```

有参函数比无参函数多了一个内容，即形式参数表。在形参表中给出的参数称为形式参数，它们可以是各种类型的变量，各参数之间用逗号间隔。在进行函数调用时，主调函数将赋予这些形式参数实际的值。形参既然是变量，必须在形参表中给出形参的类型说明。

【例6.3】无返回值有参数的加法计算。

```
#include "stdio.h"
#include "conio.h"
/*声明加法运算函数*/
void add(int x,int y)
{
    int sum=0;/*定义整型变量 sum 用来保存计算的结果*/
    /*进行运算并将结果赋值给 sum*/
    sum=x+y;
    /*输出结果*/
    printf("sum=%d\n",sum);
}
int main(void)
{
    int x;/*定义整型变量 x 用来保存第一个操作数*/
```

```
    int y;/*定义整型变量 y 用来保存第二个操作数*/
    /*输出提示*/
    printf("input x,y:");
    /*输入两个操作数分别存储到变量 x 和 y 中*/
    scanf("%d,%d",&x,&y);
    /*调用 add 函数*/
    add(x,y);
    getch();
    return 0;
}
Input:
1,2
Output:
sum=3
```

本程序定义了一个函数名为 add 的函数用来计算两个整数的和，函数 add 没有返回值，所以返回值类型为 void，同时在函数体语句中也就不会出现 return 语句。函数的两个形式参数分别是整型变量 x 和 y，在函数调用的时候需要用实际的参数值给它们进行传值。在主函数中 add(x,y);语句调用函数的时候，这里的两个参数经过上面的输入函数已经输入了两个实际的值，比如 1 和 2，上面的调用实际上就可以理解为 add(1,2)；然后 1 和 2 通过参数传递送给函数 add 的形式参数 x 和 y，在执行 add 函数的时候这两个形式参数就有了具体的值，最后运行 sum 的值就变成了 3。

【例 6.4】有返回值有参数的加法计算。

```
#include "stdio.h"
#include "conio.h"
/*声明加法运算函数*/
int add(int x,int y)
{
    int sum=0;/*定义整型变量 sum 用来保存计算的结果*/
    /*进行运算并将结果赋值给 sum*/
    sum=x+y;
    /*返回值*/
    return sum;
}
int main(void)
{
    int x;/*定义整型变量 x 用来保存第一个操作数*/
    int y;/*定义整型变量 y 用来保存第二个操作数*/
    int sum;
    /*输出提示*/
    printf("input x,y:");
    /*输入两个操作数分别存储到变量 x 和 y 中*/
```

```
    scanf("%d,%d",&x,&y);
    /*调用add函数*/
    sum=add(x,y);
    /*输出结果*/
    printf("sum=%d\n",sum);
    getch();
    return 0;
}
Input:
1,2
Output:
sum=3
```

本程序定义了一个函数名为add的函数用来计算两个整数的和，函数add具有整数类型的返回值,所以返回值类型为int,同时在函数体语句中使用return sum;语句将sum的值从函数中送出。

前面已经介绍过，函数的参数分为形参和实参两种。接下来再进一步介绍形参、实参的特点和两者的关系。形参出现在函数定义中，在整个函数体内都可以使用，离开该函数则不能使用。实参出现在主调函数中，进入被调函数后，实参变量也不能使用。形参和实参的功能是作数据传送。发生函数调用时，主调函数把实参的值传送给被调函数的形参从而实现主调函数向被调函数的数据传送。

函数的形参和实参具有以下特点。

（1）形参变量只有在被调用时才分配内存单元，在调用结束时，即刻释放所分配的内存单元。因此，形参只有在函数内部有效。函数调用结束返回主调函数后则不能再使用该形参变量。

（2）实参可以是常量、变量、表达式、函数等，无论实参是何种类型的量，在进行函数调用时，它们都必须具有确定的值，以便把这些值传送给形参。因此应预先用赋值、输入等办法使实参获得确定值。

（3）实参和形参在数量上、类型上、顺序上应严格一致，否则会发生“类型不匹配”的错误。

（4）函数调用中发生的数据传送是单向的。即只能把实参的值传送给形参，而不能把形参的值反向地传送给实参。 因此在函数调用过程中，形参的值发生改变，而实参中的值不会变化。

2．函数的嵌套调用

C语言中不允许做嵌套的函数定义，因此各函数之间是平行的，不存在上一级函数和下一级函数的问题。但是C语言允许在一个函数的定义中出现对另一个函数的调用。这样就出现了函数的嵌套调用，即在被调函数中又调用其他函数。这与其他语言的子程序嵌套的情形是类似的。如下面程序段：

```
void b()
{
    语句体;
}
void a()
{
    b();
    语句体;
```

```
}
void main()
{
    a();
    语句体;
}
```

以上代码表示了两层嵌套的情形。其执行过程是：执行 main 函数中调用 a 函数的语句时，即转去执行 a 函数，在 a 函数中调用 b 函数时，又转去执行 b 函数，b 函数执行完毕返回 a 函数的断点继续执行，a 函数执行完毕返回 main 函数的断点继续执行。

6.3.2 递归函数

递归函数即自调用函数，在函数体内部直接或间接地自己调用自己。递归调用的形式有两种，一种是一个函数在它的函数体内有限次地调用它自身；另一种是指一个函数调用另一函数，另一个函数再调用这个函数，这种情况一般很少用到。C 语言允许函数的递归调用。在递归调用中，主调函数又是被调函数。执行递归函数将反复调用其自身，每调用一次就进入新的一层。

任何函数之间不能嵌套定义，调用函数与被调用函数之间相互独立但彼此可以调用。发生函数调用时，被调函数中保护了调用函数的运行环境和返回地址，使得调用函数的状态可以在被调函数运行返回后完全恢复，而且该状态与被调函数无关。

被调函数运行的代码是函数的一个副本，与被调函数的代码无关，所以函数的代码是独立的。

被调函数运行的栈空间独立于调用函数的栈空间，所以与调用函数之间的数据也是无关的，函数之间靠参数传递和返回值来联系，函数可看作黑盒。

正是上面这种机制决定了 C 语言允许函数递归调用。

设计函数的递归调用最重要的两点是：

（1）递归公式，它是函数进行递归的路径；

（2）递归结束条件，它是使递归能够停下来，让我们得到想要的结果的保证。

【例 6.5】用递归法计算 n!。

```
long fact(int n)
{
    long s;
    if(n<0)
    {
        printf("n<0,input error");
    }
    else
    {
        if(n==0||n==1)
        {
            s=1;
        }
```

```
        else
        {
            s=fact(n-1)*n;
        }
    }
    return s;
}
void main()
{
    int  n;
    long s;
    printf("input a inteager number:\n");
    scanf("%d",&n);
    s=fact(n);
    printf("%d!=%ld",n,s);
}
Input:
3
Output:
3!=6
```

本例程序中定义函数 fact(n)来表示 n!，根据下面求 n!的公式：

```
n!=1          (n=0,1)
n!=n×(n-1)!     (n>1)
```

我们可以的到递归公式：

```
Fact(n)=n*fact(n-1)
```

递归结束的条件是：

n=0 或 n=1

根据递归公式和递归条件我们很容易就能设计出函数 fact()了，具体执行过程是：主函数调用 fact()后即进入函数 fact()执行，如果 n<0、n=0 或 n=1 时都将结束函数的执行，否则就递归调用 fact()函数自身。由于每次递归调用的实参为 n-1，即把 n-1 的值赋予形参 n，最后当 n-1 的值为 1 时再作递归调用，形参 n 的值也为 1，将使递归终止。然后可逐层退回。

下面我们再举例说明该过程。设执行本程序时输入为 3，即求 3!。在主函数中的调用语句即为 s=fact(3)，进入 fact 函数后，由于 n=3，不等于 0 或 1，故应执行 s=fact(n-1)*n，即 s=fact(3-1)*3。该语句对 fact 做递归调用即 fact(2)。进行两次递归调用后，fact 函数形参取得的值变为 1，故不再继续递归调用而开始逐层返回主调函数。fact (1)的函数返回值为 1，fact (2)的返回值为 1*2=2，fact (3)的返回值为 2*3=6，得到我们想要的结果。

【例 6.6】求斐波那契数列第 n 项。

```
long fib(int x)
{
    if(x==1||x==2)
    {
```

```
        return 1;
    }
    else
    {
        return (fib(x－1)+fib(x－2));
    }
}
void main()
{
    int  n;
    long s;
    printf("input number:\n");
    scanf("%d",&n);
    s= fib(n);
    printf("%d number is %ld",n,s);
}
Input:
6
Output:
6 number is 8
```

斐波那契数列的第一项和第二项是 1，后面每一项是前两项的和，即 1、1、2、3、5、8、13 等。

设函数 fib（x）表示第 n 项的数字，递归公式是：

fib(x)=fib(x-1)+fib(x-2)

递归结束条件：

x=1 或 x=2 时数列为 1

6.3.3　变量的作用域

在程序中并不是所有的变量都是时时刻刻可知的、可访问的。根据在程序中可访问的区域不同，我们将变量分为局部变量和全局变量两部分。全局变量就是指在整个程序中都是可见的。局部变量就是指一些变量只能在一个函数中可知。为什么会这样呢？这跟程序在内存中的分布区域有关的。具体分布区域有四个。

- 代码区，用来存放程序的代码，也就是程序中的各个函数代码块。
- 全局数据区，用来存放程序的全局数据。
- 堆区，存放程序的动态数据。
- 栈区，存放程序的局部数据，即各个函数中的数据。

1．局部变量

局部变量只是在程序中的函数中可见，别的函数是不可见的，通过下面的程序段我们来了解一下：

```
void f1()
```

```
{
    int i;
    i=1;
}
void f2()
{
    char i;
    i= 'a';
}
void main()
{
    f1();
    f2();
}
```

在上面的程序段中我们定义了两个子函数 f 1 和 f 2，在这两个子函数中我们都定义了同名的整型变量 i 并给他们赋了值，并在主函数中对其进行了调用。这里的变量 i 就属于局部变量。虽然在函数 f 1 和 f 2 中变量是同名的，但意义是不一样的，存放在内存中的位置也是不同的。f 1 函数中只能使用整型的变量 i 而不能使用 f 2 函数中字符型的变量 i；反之 f 2 也是一样的，只能使用字符型的变量 i 而不能使用 f 1 函数中定义的整型变量 i。主函数中这两个变量就更是不可见的了。

2．全局变量

全局变量就是整个程序都可见，也就是说所以函数都可以对它的值进行修改。通过下面的例子我们来了解一下全局变量的使用过程。

【例 6.7】使用全局变量计数。

```
#include "Stdio.h"
#include "Conio.h"
int count=0;
void f()
{
    count++;
}
int main(void)
{
    printf("%d\n",count);
    f();
    printf("%d\n",count);
    f();
    printf("%d\n",count);
    count=count+5;
    printf("%d\n",count);
    f();
```

```
    printf("%d\n",count);
    getch();
    return 0;
}
```

Output:

0

1

2

7

8

本程序演示了全局变量的执行机制，程序中首先定义了一个整型的全局变量 count 并初始化为 0。

然后，定义子函数 f，在 f 函数中对全局变量 count 做自增操作。

最后，来看主函数的执行。

第一步，输出 count 的初始化的值：0。

第二步，调用函数 f 后 count 自增，输出 count 值：1。

第三步，再调用函数 f 后 count 自增，输出 count 值：2。

第四步，主函数中将 count 的值再加 5，输出 count 值：7。

第五步，再调用函数 f 后 count 自增，输出 count 值：8。

由此可见，全局变量都是在上一个函数操作后的基础上进行操作的。

习 题

一、选择题

1. C 语言由（　　）构成。
   A. 主程序和子程序
   B. 主函数和若干子函数
   C. 一个主函数和一个其他函数
   D. 主函数和子程序
2. 以下说法中正确的是（　　）。
   A. C 语言程序总是从第一个的函数开始执行
   B. 在 C 语言程序中，要调用的函数必须在 main()函数中定义
   C. C 语言程序总是从 main()函数开始执行
   D. C 语言程序中的 main()函数必须放在程序的开始部分
3. 以下对 C 语言函数的有关描述中，正确的是（　　）。
   A. 调用函数时，只能把实参的值传送给形参，形参的值不能传送给实参
   B. C 函数既可以嵌套定义又可以递归调用
   C. 函数必须有返回值，否则不能使用函数
   D. C 程序中有调用关系的所有函数必须放在同一个源程序文件中
4. C 语言程序中，当函数调用时（　　）。

A. 实参和形参各占一个独立的存储单元

B. 实参和形参共用一个存储单元

C. 可以由用户指定是否共用存储单元

D. 计算机系统自动确定是否共用存储单元

5. 关于 return 语句，下列正确的说法是（　　）。

A. 在主函数和其他函数中均要出现

B. 必须在每个函数中出现

C. 可以在同一个函数中出现多次

D. 只能在除主函数之外的函数中出现一次

6. 一个函数返回值的类型是由（　　）决定的。

A. return 语句中表达式的类型

B. 在调用函数时临时指定

C. 定义函数时指定的函数类型

D. 调用该函数的主调函数的类型

7. 在 C 语言的函数中，下列正确的说法是（　　）。

A. 必须有形参

B. 形参必须是变量名

C. 可以有也可以没有形参

D. 数组名不能作形参

8. 以下描述正确的是（　　）。

A. 函数调用可以出现在执行语句或表达式中

B. 函数调用不能作为一个函数的实参

C. 函数调用可以作为一个函数的形参

D. 以上都不正确

9. 在调用函数时，如果实参是简单变量，它与对应形参之间的数据传递方式是（　　）。

A. 地址传递

B. 单向值传递

C. 由实参传给形参，再由形参传回实参

D. 传递方式由用户指定

10. 当调用函数时，实参是一个数组名，则向函数传送的是（　　）。

A. 数组的长度

B. 数组的首地址

C. 数组每一个元素的地址

D. 数组每个元素中的值

11. 如果在一个函数的复合语句中定义了一个变量，则该变量（　　）。

A. 只在该复合语句中有效，在该复合语句外无效

B. 在该函数中任何位置都有效

C. 在本程序的源文件范围内均有效

D. 此定义方法错误，其变量为非法变量

12. 下列说法不正确的是（　　）。

A. 主函数 main 中定义的变量在整个文件或程序中有效

B. 不同函数中，可以使用相同名字的变量
C. 形式参数是局部变量
D. 在一个函数内部，可以在复合语句中定义变量，这些变量只在本复合语句中有效

13. 在一个源程序文件中定义的全局变量的有效范围是（　　）。
A. 本源程序文件的全部范围
B. 一个 C 程序的所有源程序文件
C. 函数内全部范围
D. 从定义变量的位置开始到源程序文件结束

14. 以下叙述中不正确的是（　　）。
A. 在不同的函数中可以使用相同名字的变量
B. 函数中的形式参数是局部变量
C. 在一个函数内定义的变量只在本函数范围内有效
D. 在一个函数内的复合语句中定义的变量在本函数范围内有效

15. 如果要限制一个变量只能为本文件所使用，必须通过（　　）来实现。
A. 外部变量说明
B. 静态局部变量
C. 静态外部变量
D. 局部变量说明

二、填空题

1. 下面程序的输出结果是________。

```
int  t(int  x,int  y,int   cp,int  dp)
{
  cp=x*x+y*y;
  dp=x*x－y*y;
}
main(  )
{
  int a=4,b=3,c=5,d=6;
  t(a,b,c,d);
  printf("%d %d \n",c,d); 000626
}
```

2. 下面程序运行后的输出结果是________。

```
void fun(int x,int y)
{
  x=x+y;
  y=x-y;
  x=x－y;
  printf("%d,%d,",x,y);
}
main()
```

```
{
  int x=2,y=3;
  fun(x,y);
  printf(“%d,%d\n”,x,y);
}
```

3. 下面程序的输出结果是________。

```
void fun()
{
    static int a=0;
    a+=2;
    printf("%d",a);
}
main()
{
    int cc;
    for(cc=1;cc<4;cc++)
        fun();
    printf("\n");
}
```

4. 下面程序输出的最后一个值是________。

```
int ff(int n)
 {
    static int f=1;
   f=f*n;
    return  f;
 }
main()
{
    int i;
    for(i=1;i<=5;i++)
        printf("%5d",ff(i));
 }
```

5. 下面程序运行结果为________。

```
#include<stdio.h>
main()
{
  int i;
  for(i=0;i<2;i++)
      as();
 }
as()
```

```
{
  int lv=0;
  static int sv=0;
  printf("%d,%d\n",lv,sv);
  lv++;
  sv++;
  return;
}
```

三、编程题

1. 主函数调用了 LineMax 函数，实现在 N 行 M 列的二维数组中找出每一行上的最大值。

2. 本程序的函数 ver 是使输入的字符串按反序存放，在主函数中输入和输出字符串。

3. 程序调用 prime 函数，判断输入的一个整数是否为素数，是则打印 YES，否则打印 NO。

4. 两个乒乓球队进行比赛，每队各出三人。甲队为 A、B、C 三人，乙队为 X、Y、Z 三人。以抽签决定比赛名单。有人向队员打听比赛的名单，A 说他不和 X 比，C 说他不和 X、Z 比。请编写程序找出三对赛手的名单。

5. 做子函数，实现：求出数组中的最大、最小元素值以及所有元素的均值。

PART 7 项目 7 学生成绩计算系统

学习目标

- 结构体的定义及使用技术
- 指针技术
- 结构体变量数组的使用技巧

你所要回顾的

本项目是对你的一个全新的挑战，它需要你对以前的知识和技术非常熟悉，在程序设计方面能够独立地解决一些问题。我们之前介绍C语言的相关知识可以分为两大部分，一部分是基本的语法，这部分包括常量、变量、表达式、控制语句和函数。另一部分就比较抽象些了，是编程的思想，也可以理解为怎样把实际的问题用C语言的程序来解决，这也是很多"初学者"比较迷茫的，读程序没问题，一旦自己写程序就不知道从哪里下手了，我在教学中遇到了很多这样的同学。这里没有太好的办法，只有多练习，本书中的例题多做几遍，感觉就会出来了，这也就是每一个项目之前都要你回顾的原因了。

你所要展望的

前面说了我们要回顾的一些知识，接下来聊聊我们要展望的。本项目中所用的知识点在整个C语言中是比较难的，但对你今后实际的工作会有很大的帮助。第一个知识点就是排序算法，本项目我们介绍一个最简单的算法（冒泡排序法），它的思想比较好理解，实际工作中也可以直接拿来使用。第二个知识点是结构体，它属于用户自定义的数据类型，如同我们常用的int、char等数据类型，不同的就是结构体是在程序设计中根据实际需要程序员自己设计的数据类型，因此它不是固定的。这个结构体的设计理念你要是了解了对你后面学习面向对象的程序设计语言如C++、Java等语言中的"类"的设计思想很有帮助。第三个知识点就是指针了，它也是一种特殊的变量类型，这种变量类型的变量是用来保存内存的地址的，使用起来很灵活高效，但也存在一定的理解难度，所以本项目的内容是很重要的。

7.1 任务1 冒泡排序法

7.1.1 现在你要做的事情

本任务对无序数列采用冒泡排序法进行排序。要求程序具有以下功能：

（1）数据的个数由用户自己决定；

（2）要排序的数根据用户输入的长度，从键盘输入；

（3）最后输出排序结果。

7.1.2　参考的执行结果

（1）输入要进行排序的数组的长度得到如图 7-1 所示的结果。

```
input array len:
5
input array number:
```

图 7-1　输入数组长度运行图

（2）输入数组数据后得到如图 7-2 所示的结果。

```
input array len:
5
input array number:
8
4
6
3
1
The number of sorted is:
1 3 4 6 8
```

图 7-2　排序结果图

7.1.3 我给你的提示

冒泡排序法可以这样来描述：使较小的值像空气中的气泡一样逐渐“上浮”到数组的顶部（下标小的位置），而较大的值逐渐“下沉是”到数组的底部（下标大的位置）。这种排序技术就是要对数列进行长度减 1 轮的排序。每一轮都要比较相邻的数组元素对，如果它们是按升序排列的则保持原样不动，如果是降序排列则进行交换。具体执行过程我们来看下面的示例（以升序为例）。

待排序数列：5　2　3　4　1

第一轮：

第一轮第一次：2　5　3　4　1

第一轮第二次：2　3　5　4　1

第一轮第三次：2　3　4　5　1

第一轮第四次：2　3　4　1　5　　（成功找到最大的数 5）

第二轮：　　　2　3　4　1　　　（剩余未排序的）

第二轮第一次：2　3　4　1

第二轮第二次：2　3　4　1

第二轮第三次：2 3 1 4 （成功找到最大的数 4）

第三轮： 2 3 1 （剩余未排序的）

第三轮第一次：2 3 1

第三轮第二次：2 1 3 （成功找到最大的数 3）

第四轮： 2 1 （剩余未排序的）

第四轮第一次：1 2 （成功找到最大的数 2）

最后排序结果：1 2 3 4 5

由上面的推导我们就可以这样来设计程序了：使用两个循环进行嵌套，外层循环控制进行比较的轮数，循环从 1 到数组的长度 size，执行 size－1 次。内层循环控制每一轮进行比较的次数，这个次数会随着比较的轮数的增加而减少，因此循环从数组的下标 0 开始，结束的条件就是循环控制变量 j 小于数组长度 size 减去轮数 i，这内层循环内每循环一次都要比较相邻的两个数组元素的大小，即使用：

```
if(a[j]>a[j+1])
```

进行判断，如果成立，使用变量 temp 作为中间临时存储变量将相邻的两个数组元素的值进行交换，不成立则什么也不做。

排序完成后将排序结果输出。

7.1.4 验证成果

以下是本程序代码，仅供参考：

```
#include "stdio.h"
#include "conio.h"
/*定义排序函数 f，参数 a[]用来传递要排序的数据，size 是数列长度*/
void f(int a[],int size)
{
    int i;/*控制循环变量*/
    int j;/*控制循环变量*/
    int temp;/*临时变量，用来做中间存储使用*/
    /*共比较 size-1 轮*/
    for(i=1;i<size;i++)
    {
        /*每一轮比较循环*/
        for(j=0;j<size-i;j++)
        {
            /*比较前面元素大于后面元素，交换*/
```

```
                if(a[j]>a[j+1])
                {
                    /*前面的元素放在变量 temp 中*/
                    temp=a[j];
                    /*后面元素值将其前一个元素值覆盖*/
                    a[j]=a[j+1];
                    /*将存放在 temp 中前一个元素的值赋值给后一个元素，实现交换*/
                    a[j+1]=temp;
                }
            }
        }
        /*输出提示*/
        printf("The number of sorted is:\n");
        /*循环输出排好序的数列*/
        for(i=0;i<size;i++)
        {
            printf("%d ",a[i]);
        }
}

main()
{
    int len;/*要输如的数组长度*/
    int i;/*循环变量*/
    int array[100];/*存放要排序的数组*/

    /*输出提示*/
    printf("input array len:\n");
    /*输入数据长度*/
    scanf("%d",&len);
    /*输出提示*/
    printf("input array number:\n");
    /*循环输入数据保存到数组 array 中*/
    for(i=0;i<len;i++)
    {
        scanf("%d",&array[i]);
    }
    /*调用排序函数进行排序*/
    f(array,len);
    getch();
}
```

7.2 任务2 学生成绩计算系统

7.2.1 现在你要做的事情

本程序要完成以下功能。

（1）能动态输入要管理的学生个数。

（2）输入学生学号、姓名、平时成绩和期末成绩。

（3）根据下面公式：

总成绩=平时成绩*50%+期末成绩*50%

自动生成学生的总成绩。

（4）按总成绩大小输出学生基本信息。

7.2.2 参考的执行结果

（1）输入要管理的学生数目后，开始输入学生的基本信息，结果如图7-3所示。

```
input student number:3
input  [1]  student_no:
```

图7-3 程序运行结果图

（2）输入学生基本信息后，得到如图7-4所示的统计图。

```
input student number:3
input  [1]  student_no: 201301
input  [1]  student_name: LiYi
input  [1]  student_sc1: 78
input  [1]  student_sc2: 89
input  [2]  student_no: 201302
input  [2]  student_name: WangEr
input  [2]  student_sc1: 98
input  [2]  student_sc2: 88
input  [3]  student_no: 201303
input  [3]  student_name: ZhangSan
input  [3]  student_sc1: 88
input  [3]  student_sc2: 88

****************student sc_list***************
id   student_no    student_name       student_sc
1    201302         WangEr                93.00
2    201303         ZhangSan              88.00
3    201301         LiYi                  83.50
```

图7-4 统计图

7.2.3 我给你的提示

要解决本次任务需要使用两个新的知识：结构体和指针。经过分析我们可以得出本任务处理的信息应该以学生个体为单位，也就是说像姓名、成绩等信息应该用同一变量来管理，因为它们是有对应联系的。比如张三同学的成绩是 80 分，李四同学的成绩是 70，虽然姓名和成绩是两种不同的数据类型，但为了让它们在程序中能够很好地当成一个主体去处理，我们就用了一种新的变量定义形式即结构体。具体设计如下：

第一步，定义学生基本信息结构体：

```
struct student
{
    char *name; /*姓名*/
    char *no; /*学号*/
    double sc_all; /*总成绩*/
    int sc_1; /*期中成绩*/
    int sc_2; /*期末成绩*/
}stu[100],stu_temp;
```

其中姓名和学号变量为指针型变量，用来收录字符串，同时定义了全局的结构体变量 stu[100]包含 100 个结构体变量的数组,stu_temp 临时中间变量用来在排序的时候进行数据交换。

第二步，定义子函数 setInfo 用来输入学生的基本信息，参数 len 为要输入的学生个数。设计循环输入学生信息，在输入学号和姓名之前要使用(char*)malloc(20)动态为其分配空间，这是因为学号和姓名都是指针类型的变量，在使用前应该确认其内存地址。在学号和姓名输入后要使用 fflush(stdin)来清空缓冲区，具体原因前面介绍过这里就不说了。输入完平时成绩和期末成绩后要使用公式计算出总成绩：stu[j].sc_all=stu[j].sc_1*0.5+stu[j].sc_2*0.5 进行赋值。

第三步，定义子函数 display 用来输出排好序的学生成绩列表，参数 len 为要输出的学生个数。同样使用循环将信息输出，这里需要注意的是我们要使用冒泡排序法对学生的总成绩进行排序，所以成绩高的学生信息应该在数组的后面，输出的时候应该从数组的后面先输出，循环的初始化变量就是：j=len-1，条件就是：j>=0，循环控制变量的变化是：j－－。输出时还应注意输出的格式，使得输出的结果易读，美观。

第四步，定义子函数 getList 使用冒泡排序法对学生总成绩进行排序，参数 len 为要排序的学生个数。排序过程中的数据交换步骤需要注意，这里交换的不能只是总成绩（只交换成绩会造成张三的成绩给了李四，李四的成绩给了张三的现象发生），而应该是学生的全部基本信息，所以在交换的时候使用结构体变量之间进行交换，以达到全部数据交换的目的。

第五步，在主函数中输入要管理的学生数后依次调用 setInfo 函数、getList 函数和 display 函数就可以完成本次的任务了。

7.2.4 验证成果

以下是本程序代码，仅供参考：

```
#include "stdio.h"
#include "conio.h"
#include "string.h"
```

```
/*定义学生基本信息结构体*/
struct student
{
    char *name; /*姓名*/
    char  *no; /*学号*/
    double sc_all; /*总成绩*/
    int sc_1; /*期中成绩*/
    int sc_2; /*期末成绩*/
}stu[100],stu_temp; /*定义全局的结构体变量*/
/*定义函数用来输入学生基本信息，参数 len 为学生个数*/
void setInfo(int len)
{
    int j;/*循环控制变量*/
    /*循环输入学生基本信息*/
    for(j=0;j<len;j++)
    {
        /*输出提示要输入的项*/
        printf("input  [%d]  student_no: ",j+1);
        /*为学号指针变量动态分配 20 个字符的内存空间*/
        stu[j].no=(char*)malloc(20);
        /*输入学号*/
        scanf("%s",stu[j].no);
        /*清空缓冲区*/
        fflush(stdin);
        /*输出提示要输入的项*/
        printf("input  [%d]  student_name: ",j+1);
        /*为姓名指针变量动态分配 20 个字符的内存空间*/
        stu[j].name=(char*)malloc(20);
        /*输入姓名*/
        scanf("%s",stu[j].name);
        /*清空缓冲区*/
        fflush(stdin);
        /*输出提示要输入的项*/
        printf("input  [%d]  student_sc1: ",j+1);
        /*输入期中成绩*/
        scanf("%d",&stu[j].sc_1);
        /*输出提示要输入的项*/
        printf("input  [%d]  student_sc2: ",j+1);
        /*输入期末成绩*/
        scanf("%d",&stu[j].sc_2);
```

```
            /*根据公式计算总成绩*/
            stu[j].sc_all=stu[j].sc_1*0.5+stu[j].sc_2*0.5;

        }

    }
    /*定义显示成绩排名函数*/
    void display(int len)
    {
        int j;/*循环控制变量*/
        /*输出总标题*/
        printf("\n***************student sc_list**************\n");
        /*输出各列标题*/
        printf("id   student_no   student_name     student_sc\n");
        /*循环输出，成绩排名详细信息*/
        for(j=len-1;j>=0;j--)
        {
            printf("%-2d  %-11s  %-15s
    %-5.2f\n",len-j,stu[j].no,stu[j].name,stu[j].sc_all);
        }
    }
    /*定义函数按总成绩排序*/
    void getList(int len)
    {
        int j;/*循环控制变量*/
        int k; /*循环控制变量*/
        /*比较的轮数循环*/
        for(j=0;j<len;j++)
        {
            /*每一轮比较的次数*/
            for(k=0;k<len-j-1;k++)
            {
                /*判断相邻两项的总成绩大小*/
                if(stu[k].sc_all>stu[k+1].sc_all)
                {
                    /*将下标为 k 的结构体变量的所有数据存放在 stu_temp 中*/
                    stu_temp=stu[k];
                    /*下标为 k+1 的结构体变量赋值给下标为 k 的结构体变量*/
                    stu[k]=stu[k+1];
                    /*变量 stu_temp 赋值给变量 stu[k+1]实现交换*/
                    stu[k+1]=stu_temp;
```

```
            }
        }
    }
}
/*程序运行的主函数*/
void main()
{
    int len;/*学生人数*/
    /*输出提示*/
    printf("input student number:");
    /*输入学生人数*/
    scanf("%d",&len);
    /*调用 setInfo 函数输入学生基本信息*/
    setInfo(len);
    /*调用 getList 函数根据学生总成绩进行排序*/
    getList(len);
    /*调用 display 函数显示排好序的学生基本信息*/
    display(len);

    getch();
}
```

7.3 技术支持

7.3.1 指针

指针是C语言中广泛使用的一种数据类型，通过指针在运行时获取变量地址和操纵变量地址，利用指针变量可以很方便地使用数组和字符串，从而编出精练而高效的程序。指针极大地丰富了C语言的功能。学习指针是学习C语言中最重要的一环。同时，指针也是C语言中最为困难的一部分，因为它与内存地址相联系，所以操作起来比一般的变量要复杂和略有不同，但经过仔细认真的训练，你会发现其实它并没有那么可怕。

接下来我们简单地介绍一下地址和指针的概念。在计算机中，所有的数据都是存放在存储器中的。一般把存储器中的一个字节称为一个内存单元，不同的数据类型所占用的内存单元数不等，如整型量占两个或四个单元，字符量占一个单元等，在前面已有详细的介绍。为了正确地访问这些内存单元，必须为每个内存单元编上号。根据一个内存单元的编号即可准确地找到该内存单元。内存单元的编号也叫作地址。既然根据内存单元的编号或地址就可以找到所需的内存单元，所以通常也把这个地址称为指针。内存单元的指针和内存单元的内容是两个不同的概念。内存单元的指针中放的是地址，内存单元的内容放的是数据。在C语言中，允许用一个变量来存放指针，这种变量称为指针变量。因此，一个指针变量的值就是某个内存单元的地址或称为某内存单元的指针。

严格地说，一个指针是一个地址，是一个常量。而一个指针变量却可以被赋予不同的指针值，是变量。但常把指针变量简称为指针。为了避免混淆，我们约定："指针"是指地址，是常量，"指针变量"是指取值为地址的变量。定义指针的目的是通过指针去访问内存单元。

既然指针变量的值是一个地址，那么这个地址不仅可以是变量的地址，也可以是其他数据结构的地址。在一个指针变量中存放一个数组或一个函数的首地址有何意义呢？ 因为数组或函数都是连续存放的，通过访问指针变量取得了数组或函数的首地址，也就找到了该数组或函数。这样一来，凡是出现数组、函数的地方都可以用一个指针变量来表示，只要该指针变量中赋予数组或函数的首地址即可。这样做，将会使程序的概念十分清楚，程序本身也精练，高效。在C语言中，一种数据类型或数据结构往往都占有一组连续的内存单元。用"地址"这个概念并不能很好地描述一种数据类型或数据结构，而"指针"虽然实际上也是一个地址，但它却是一个数据结构的首地址，它是"指向"一个数据结构的，因而概念更为清楚，表示更为明确。这也是引入"指针"概念的一个重要原因。

1．指针变量的定义

指针变量定义的一般形式为：

```
类型说明*指针变量名
int*p1;
char*p2;
```

注意：

（1）定义指针变量时的"类型说明"指的是指针所指向的变量的类型，也可以说是指针变量内存放地址所属变量的类型。

（2）"*"在这里是定义指针变量的标志符号。

（3）指针变量与普通的变量定义形式一样，凡是可以声明变量的位置都可以声明指针变量。

2．指针变量的使用

指针变量的使用要特别的小心，在使用之前一定要对其进行赋值，避免产生"野指针"。所谓"野指针"就是指没有给指针变量赋值就使用，从而是指针变量随便获取了一个地址值。接下来我们通过几个例子来说明一下。

【例7.1】指针的简单使用。

```
#include "Stdio.h"
#include "Conio.h"
void main(void)
{
    int x=5;
    int y=6;
    int * p1=&x;
    y=*p1;
    printf("x=%d  y=%d  *p1=%d\n",x,y,*p1);
```

```
    *p1=9;
    printf("x=%d  y=%d  *p1=%d\n",x,y,*p1);
    y=8;
    p1=&y;
    printf("x=%d  y=%d  *p1=%d\n",x,y,*p1);
    getch();
}
```

运行结果：

```
Output:
x=5  y=5  *p1=5
x=9  y=5  *p1=9
x=9  y=8  *p1=8
```

说明：本例程序中首先定义了两个整型变量 x 和 y 并分别赋值为 5 和 6，然后定义指向整型变量的指针 p1 并初始化赋值为 x 的地址，这里使用了取地址符号“&”来获取变量 x 的地址赋值给指针变量 p1，然后使用*p1 给 y 进行赋值，这里需要注意：“*”号在指针定义的时候起到一个标识的作用，而在程序中使用的时候放在指针变量的前面，表示指针变量中存放的地址所在位置的数据内容，这里*p1 即 p1 变量里地址所指的位置内的数据，也就是变量 x 的值，所以第一个输出结果都是 x 变量的值 5。

第二个输出前，语句*p1=9;就是将 x 的值变成 9，而这里与 y 就没有关系了，所以输出的时候 x 和*p1 的值为 9，而 y 的值还是 5。

第三个输出前，y 赋值为 8，然后指针变量 p1 重新赋值为 y 的地址，因为 p1 是指针变量所以可随时改变它的值，让它指向新的变量。除了可以使用取地址符号取变量地址的方法进行赋值外，还可以指针变量互相赋值，但不允许把一个数赋予指针变量。最后输出的时候 x 没变还是 9，y 和*p1 变为 8。

【例 7.2】字符指针。

```
#include "stdio.h"
#include "conio.h"
void main(void)
{
    char * p1="input string:";
    char *p2;
    p2=(char*)malloc(20);
    printf("%s\n",p1);
    scanf("%s",p2);
    printf("*p2=%s\n",p2);
    getch();


}
```

运行结果：

```
Input:
good
```

```
Output:
input string:
good
*p2=good
```

说明：在C语言中没有字符串变量，所以用来处理字符串就有两个方法，一个是字符数组，长度固定灵活性不高。另一种就是字符指针。

我们来看例子，先定义一个字符指针 p1 并直接对其进行初始化，这里使用的是字符串常量来进行的初始化，为什么能拿字符串常量来对指针变量进行初始化，而不能拿一个整型常量来进行赋值呢？这是因为字符串常量就是地址，所以可以进行赋值。实际上 p1 指向了字符串常量“input string:”中的字符 i 字符，当进行 p++时，p 再指向字符 n。我们还需要知道字符串常量在内存中存放时是以字符\0 作为结束符号的。

接下来定义了字符指针 p2，但没有进行初始化，这时下面这条语句 p2=(char*)malloc(20);就很重要了，这条语句动态为 p2 在内存中分配了 20 个字符的空间，也就是说 p2 中有了一个地址，并指向该内存空间的首地址，而不是“野指针”，后面就可以使用 p2 并从键盘中向其指向的地址空间内输入字符，scanf("%s",p2)输入字符语句中输入格式“%s”表示输入的是字符串以空格作为结束符号。

输出语句 printf("%s\n",p1);表示将 p1 指向的地址空间内的字符串输出。实际是从第一个字符 i 开始一个一个字符的顺序输出，直到遇到字符“\0”结束输出，其中“\0”不参与输出。

3．指针与数组

数组名是可以用来对指针进行初始化的，因为数组名就是数组第一个元素的地址，这里要特别注意：数组名是一个常量，所以它的值是不可以改变的。

如：

```
int a[5]={1,2,3,4,5};
```

a 就可以表示为数组的第一个元素的地址，也就等于&a[0]。

又如：

```
int a[5]={1,2,3,4,5};
int *p=a;
```

这样就有如下的等价：

a[0]等价于*a，等价于*p，等价于 p，[0]等价于 1。

a[1]等价于*(a+1)，等价于*(p+1)，等价于 p[1]等价于 2。

a[i]等价于*(a+i)，等价于*(p+i)，等价于，p[i]。

a[i]表示数组中下标为 i 的元素的值。这里 a+i 表示第 i 个元素的地址，则*(a+i)就表示数组中下标为 i 的元素的值。还有就是下标操作时针对地址而不是仅仅针对数组名的，所以 p[i] 表示数组中下标为 i 的元素的值。

第 i 个元素的地址等价：

&a[i]等价于 a+i，等价于 p+i，等价于&p[i]。

【例 7.3】五种方法进行数组求和。

```
#include "stdio.h"
#include "conio.h"
void main(void)
```

```
{
    int sum1=0;
    int sum2=0;
    int sum3=0;
    int sum4=0;
    int sum5=0;
    int a[]={1,2,3,4,5};
    int *p;
    int size;
    int i;
    /*数组元素个数*/
    size=sizeof(a)/sizeof(*a);
    for(i=0;i<size;i++)
    {
        sum1+=a[i];
    }
    printf("sum1=%d\n",sum1);
    p=a;
    for(i=0;i<size;i++)
    {
        sum2+=*p++;
    }
    printf("sum2=%d\n",sum2);
    p=a;
    for(i=0;i<size;i++)
    {
        sum3+=*(p+i);
    }
    printf("sum3=%d\n",sum3);
    p=a;
    for(i=0;i<size;i++)
    {
       sum4+=p[i];
    }
    printf("sum4=%d\n",sum4);
    for(i=0;i<size;i++)
    {
        sum5+=*(a+i);
    }
    printf("sum5=%d\n",sum5);
    getch();
```

```
}
```

运行结果:

```
Output:
sum1=15
sum2=15
sum3=15
sum4=15
sum5=15
```

说明:本程序使用了五种方法来计算整型数组元素的和,其中语句:size=sizeof(a)/sizeof(*a);作用是求数组元素的个数,sizeof(a)求的是数组a占用的整个空间数,sizeof(*a)求的是数组每个元素占的空间数,两者相除就是数组元素的个数了。

第一种方法采用最原始的靠更改数组下标的方法求和。

第二种方法采用指针变量循环自增的方法来访问到数组各元素实现求和。

第三种方法采用指针变量加上数组下标偏移量的方法求和。

第四种方法采用指针变量替代数组名称的方法求和。

第五种方法采用数组名加数组下标偏移量的方法求和。

【例7.4】使用指针实现数组的正序输入反序输出。

```
#include "stdio.h"
#include "conio.h"
void main(void)
{
    int a[5];
    int i;
    int *p;
    printf("input  number:\n");
    for(i=0;i<5;i++)
    {
        scanf("%d",&a[i]);
    }
    printf("output  number:\n");
    p=&a[4];
    for(i=0;i<5;i++)
    {
        printf("%d\n",*(p-i));
    }
    getch();
}
```

运行结果:

```
Input:
1
```

```
2
3
4
5
Output:
output  number:
5
4
3
2
1
```

说明：本例程序中首先使用循环控制下标从 0 增加到 4 依次向数组 a 正序输入数据。然后让指针变量 p 指向数组的最后一个元素的位置。输出时使用循环控制下标偏移量从 0 到 4，使指针变量 p 与偏移量做减法，逐渐上移指针实现倒序输出。

这里我们主要介绍的是指针与一维数组之间的关系，指针还可以与二维数组或多维数组建立关系，这里就不介绍了，感兴趣的可以去查阅一下资料。

4．指针变量作为函数参数

函数的参数是实现函数体外部和内部进行数据通信的途径，函数的参数分为定义时的形式参数和调用时的实际参数。函数的参数不仅可以是整型、实型、字符型等数据，还可以是指针类型。函数调用的时候由实际参数向形式参数传递数据的时候有两种方式，一种是按值传递，另一种是按地址传递。

【例 7.5】函数参数按值传递。

```
#include "stdio.h"
#include "conio.h"
void swap(int x,int y)
{
    int temp;
    temp=x;
    x=y;
    y=temp;
    printf("swap:x=%d,y=%d\n",x,y);
}
void main(void)
{
    int x;
    int y;
    printf("input two number:\n");
    scanf("%d%d",&x,&y);
    printf("main:x=%d,y=%d\n",x,y);
    swap(x,y);
    printf("main:x=%d,y=%d\n",x,y);
```

```
    getch();
}
```

运行结果：

```
Input:
1
2
Output:
input two number:
1
2
main:x=1,y=2
swap:x=2,y=1
main:x=1,y=2
```

说明：从程序执行的结果我们不难看出，在调用函数 swap 之前输入数据 1 和数据 2 分别给主函数中的变量 x 和 y，调用函数 swap 时，主函数将 x 和 y 的值 1 和 2 送给了函数 swap 的形式参数作为子函数 swap 运行的数据。从第二个输出可以看出，在子函数中实现了子函数 swap 中的变量 x 和 y 进行的交换。从第三个输出可以看出，主函数中的变量 x 和 y 的值没有发生改变，这也就说明了主函数调用子函数 swap 时传送给子函数的只是主函数变量 x 和 y 的值，是按值传递的参数。

【例 7.6】函数参数使用指针按地址传递。

```
#include "stdio.h"
#include "conio.h"
void swap(int *p1,int *p2)
{
    int temp;
    temp=*p1;
    *p1=*p2;
    *p2=temp;
    printf("swap:x=%d,y=%d\n",*p1,*p2);
}
void main(void)
{
    int x;
    int y;
    printf("input two number:\n");
    scanf("%d%d",&x,&y);
    printf("main:x=%d,y=%d\n",x,y);
    swap(&x,&y);
    printf("main:x=%d,y=%d\n",x,y);
    getch();
}
```

运行结果:

```
Input:
1
2
Output:
input two number:
1
2
main:x=1,y=2
swap:x=2,y=1
main:x=2,y=1
```

说明：从程序执行的结果我们不难看出，在调用函数 swap 之前输入数据 1 和数据 2 分别给主函数中的变量 x 和 y，调用函数 swap 时，主函数将 x 和 y 的地址通过参数送给了函数 swap 的形式参数作为子函数 swap 运行的数据。从第二个输出可以看出，在子函数中实现了子函数 swap 中的指针变量 p1 和 p2 所指向的数据的交换。从第三个输出可以看出，主函数中的变量 x 和 y 的值也发生了改变，这就说明通过按地址的传递子函数修改了主函数变量 x 和 y 的值；也可以这样理解，子函数在执行*p1 和*p2 交换数据的时候，其实就是主函数变量 x 和 y 进行的交换，因为按地址传递的方式实现了 p1=&x 和 p2=&y。

【例 7.7】函数参数使用数组名按地址传递。

```
#include "Stdio.h"
#include "Conio.h"
void display(int a[])
{
    int i;
    int *p;
    printf("output  number:\n");
    p=&a[4];
    for(i=0;i<5;i++)
    {
        printf("%d\n",*(p-i));
    }
}

void main(void)
{
    int a[5];
    int i;
    printf("input  number:\n");
    for(i=0;i<5;i++)
    {
        scanf("%d",&a[i]);
```

```
    }
    display(a);
    getch();
}
```

运行结果：

```
Input:
1
2
3
4
5
Output:
output  number:
5
4
3
2
1
```

说明：本例程序还是实现了数组的正序输入反序输出的目的，与例7.4不同的是，本次是采用子函数display实现的反序输出。子函数的参数是数组的名字加上中括号（int a[]）这表示本参数要接受的是一个地址，一般情况下都是数组的首地址，本例中就是使用数组名a作为实际参数进行的传值。

7.3.2 结构体

在实际问题中，一组数据往往具有不同的数据类型。例如，在学生登记表中，姓名应为字符型；学号可为整型或字符型；年龄应为整型；性别应为字符型；成绩可为整型或实型。显然不能用一个数组来存放这一组数据。因为数组中各元素的类型和长度都必须一致，以便于编译系统处理。为了解决这个问题，C语言中给出了另一种构造数据类型——“结构（structure）”或叫“结构体”。它相当于其他高级语言中的记录。“结构”是一种构造类型，它是由若干“成员”组成的。每一个成员可以是一个基本数据类型或者又是一个构造类型。结构既是一种“构造”而成的数据类型，那么在说明和使用之前必须先定义它，也就是构造它。如同在说明和调用函数之前要先定义函数一样。

结构体的一般定义形式为：

```
struct 结构名
 {
    成员表
 };
```

成员表就是由设计结构体所需要的一系列变量的组合。

例如：本项目的第二个任务是定义的学生基本信息结构体。

```
struct student
```

```
{
    char *name; /*姓名*/
    char  *no; /*学号*/
    double sc_all; /*总成绩*/
    int sc_1; /*期中成绩*/
    int sc_2; /*期末成绩*/
};
```

在这个结构定义中，结构名为student，该结构由五个成员组成。第一个成员为字符指针变量name；第二个成员为字符指针变量no；第三个成员为浮点型变量sc_all；第四个成员为整型变量sc_1；第五个成员为整型变量sc_2。应注意在括号后的分号是不可少的。结构定义之后，即可进行变量定义。

1．结构类型变量的说明

说明结构变量有以下三种方法。

（1）先定义结构，再说明结构变量。

如:

```
struct student
{
    char *name; /*姓名*/
    char  *no; /*学号*/
    double sc_all; /*总成绩*/
    int sc_1; /*期中成绩*/
    int sc_2; /*期末成绩*/
};
struct student stu1,stu2;
```

以上代码说明了两个变量stu1和stu2为student结构类型。也可以用宏定义使一个符号常量来表示一个结构类型。

例如:

```
#define STU struct student
STU
{
    char *name; /*姓名*/
    char  *no; /*学号*/
    double sc_all; /*总成绩*/
    int sc_1; /*期中成绩*/
    int sc_2; /*期末成绩*/
};
STU stu1,stu2;
```

（2）在定义结构类型的同时说明结构变量。

例如:

```
struct student
{
```

```
    char *name; /*姓名*/
    char  *no; /*学号*/
    double sc_all; /*总成绩*/
    int sc_1; /*期中成绩*/
    int sc_2; /*期末成绩*/
} stu1,stu2;
```

（3）直接说明结构变量。

例如：

```
struct
{
    char *name; /*姓名*/
    char  *no; /*学号*/
    double sc_all; /*总成绩*/
    int sc_1; /*期中成绩*/
    int sc_2; /*期末成绩*/
} stu1,stu2;
```

第三种方法与第二种方法的区别在于第三种方法中省去了结构名，而直接给出结构变量。

2．结构变量成员的使用

在程序中使用结构变量时，往往不把它作为一个整体来使用。在C语言程序设计中除了允许具有相同类型的结构变量相互赋值以外，一般对结构变量的使用，包括赋值、输入、输出、运算等都是通过结构变量的成员来实现的。

表示结构变量成员的一般形式是：

结构变量名.成员名

```
stu1.name    /*第一个学生的姓名*/
stu2.name    /*第二个学生的姓名*/
```

如果成员本身又是一个结构则必须逐级找到最低级的成员才能使用。

例如：

```
struct birth
{
    int year; /*年*/
    int month; /*月*/
    int day; /*日*/
};
struct student
{
    char *name; /*姓名*/
    char  *no; /*学号*/
    struct birth Br; /*出生日期*/
    double sc_all; /*总成绩*/
    int sc_1; /*期中成绩*/
```

```
    int sc_2; /*期末成绩*/
} stu1,stu2;
stu1.Br.year /*第一个学生出生的年份*/
```

3．结构变量的赋值

结构变量的赋值就是给各成员赋值。可用输入语句或赋值语句来完成。

【例 7.8】给结构变量赋值并输出其值。

```
#include "stdio.h"
#include "conio.h"
#include "string.h"
/*定义学生基本信息结构体*/
struct student
{
    char *name; /*姓名*/
    char  *no; /*学号*/
}stu1; /*定义全局的结构体变量*/

void main()
{
    stu1.no="200101";
    stu1.name="zhangsan";
    printf("no=%s\nname=%s", stu1.no, stu1.name);
    getch();
}
```

运行结果：

```
Output:
no=200101
name=zhangsan
```

说明：本程序中用赋值语句直接给结构体变量 stu1 的成员变量 no 和 name 赋值，并输出。这里需要注意的是使用结构体成员变量的时候一定要用结构体变量加上“.”符号连接成员变量。

4．结构变量的初始化

和其他类型变量一样，对结构变量可以在定义时进行初始化赋值。

例如：

```
struct student
{
    char *name; /*姓名*/
    char  *no; /*学号*/
    int sc_1; /*期中成绩*/
    int sc_2; /*期末成绩*/
} stu1,stu2={"200101","lisi",98,99};
```

5．结构数组的定义

数组的元素也可以是结构类型的。因此可以构成结构型数组。结构数组的每一个元素都具有相同结构类型的下标结构变量。在实际应用中，经常用结构数组来表示具有相同数据结构的一个群体，如一个班的学生档案，一个车间职工的工资表等。

方法和结构变量相似，只需说明它为数组类型即可。

例如：

```
struct student
{
    char *name; /*姓名*/
    char  *no; /*学号*/
    double sc_all; /*总成绩*/
    int sc_1; /*期中成绩*/
    int sc_2; /*期末成绩*/
} stu[100];
```

以上代码定义了一个结构数组 stu，共有 100 个元素，stu [0] ~ stu [99]。每个数组元素都具有 struct student 的结构形式。

6．结构体指针变量

结构体是用户自定义的变量类型，所以同其他变量类型一样，可以定义指向结构体变量的指针类型变量。结构指针变量中的值是所指向的结构变量的首地址。

例如：

```
    struct student
{
    char *name; /*姓名*/
    char  *no; /*学号*/
    struct birth Br; /*出生日期*/
    double sc_all; /*总成绩*/
    int sc_1; /*期中成绩*/
    int sc_2; /*期末成绩*/
 } stu1,*p;
```

上个程序段定义了两个 student 结构体类型的变量 stu 和 p，其中 stu 为普通类型的结构体变量，而 p 则是指针变量，具体的使用是这样的。

先赋值，给指针以地址空间：

```
P=&stu1;
```

再使用指针，这里使用结构体的成员变量就不再使用 “.” 连接了，而是要使用 “->” 来连接，如：

P->name;等价于 stu1.name;等价于 (*p).name。

p->no; 等价于 stu1.no;等价于 (*p).no。

也就是说：结构变量.成员名、(*结构指针变量).成员名、结构指针变量->成员名，这三种用于表示结构成员的形式是完全等效的。

【例 7.9】结构体基本操作。

```
#include "stdio.h"
#include "conio.h"
```

```
struct  date
{
    int year;
    int month;
    int day;
};
struct  person
{
    char name[20];
    char sex;
    struct  date birthday;
    float height;
} per;
void main()
{
 printf("Enter the name: ");
 gets(per.name);
 per.sex='M';
 per.birthday.year=1982;
 per.birthday.year++;
 per.birthday.month=12;
 per.birthday.day=15;
 per.height=(175+176)/2.0;
 printf("%s%3c%4d/%2d/%d%7.1f\n",per.name,per.sex,per.birthday.month,
 per.birthday.day,per.birthday.year,per.height);
 getch();
}
```

运行结果：

```
Input:
Lisi
Output:
Enter the name: Lisi
Lisi  M  12/15/1983  175.5
```

说明：本例程序中的结构体 person 中的成员变量是结构体 date 的变量类型，因此在操作上要逐层向上访问去使用 date 结构体中的成员变量。

7.3.3 插入排序法

插入排序法是一个简单，但相对比较高效的排序方法。

插入排序法是通过把数组中的元素插入到适当的位置来进行排序，步骤如下。

（1）将数组中的头两个元素按顺序进行排序。

（2）把下一个元素插入到其对应已排好序元素的排序位置。

（3）对于数组中剩余的每一个元素重复步骤2，直至最后一个元素排序完成。

【例7.10】插入排序法。

```
#include "stdio.h"
#include "conio.h"
/*定义排序函数 f，参数 a[]用来传递要排序的数据，size 数列长度*/
void f(int a[],int size)
{
    int i;/*控制循环变量*/
    int inserter;/*要插入元素*/
    int index;
    /*共比较 size－1 轮*/
    for(i=1;i<size;i++)
    {
        inserter=a[i];
        index=i－1;
        /*从后向前比较，寻找合适的插入点*/
        while(index>=0&&inserter<a[index])
        {
            a[index+1]=a[index];
            index－－;
        }
        a[index+1]=inserter;

    }
    /*输出提示*/
    printf("The number of sorted is:\n");
    /*循环输出排好序的数列*/
    for(i=0;i<size;i++)
    {
        printf("%d ",a[i]);
    }
}

main()
{
    int len;/*要输入的数组长度*/
    int i;/*循环变量*/
    int array[100];/*存放要排序的数组*/

    /*输出提示*/
```

```
    printf("input array len:\n");
    /*输入数据长度*/
    scanf("%d",&len);
    /*输出提示*/
    printf("input array number:\n");
    /*循环输入数据保存到数组 array 中*/
    for(i=0;i<len;i++)
    {
        scanf("%d",&array[i]);
    }
    /*调用排序函数进行排序*/
    f(array,len);
    getch();
}
```

运行结果：

```
Input:
input array len:
5
input array number:
1
5
3
4
2
Output:
The number of sorted is:
1 2 3 4 5
```

说明：本程序执行步骤如下。

输入的数组：1　5　3　4　2

第一轮排序：1　5

第二轮排序：1　3　5

第三轮排序：1　3　4　5

第四轮排序：1　2　3　4　5

由此可见，排序是先将头两个元素 1 和 5 按升序排列，第二轮时把带插入的元素 3 先和后面大的元素 5 进行比较，如果小于 5 将 5 向后移动，再和 5 前面的元素 1 比较，如果不小于则直接将 3 插到原来 5 的位置，后面要插入的元素也是按照这样的方法进行。

该插入排序算法的好处就在于边比较边移位，找到插入点的同时，移位工作也完成。移位是进行赋值，不是交换操作，所以工作量就减轻了很多。

习 题

一、选择题

1. 若有说明：int a=2, *p=&a, *q=p;，则以下非法的赋值语句是（　　）。

A. p=q;　　B. *p=*q;　　C. a=*q;　　D. q=a;

2. 若定义：int a=511, *b=&a;，则 printf("%d\n", *b);的输出结果为（　　）。

A. 无确定值　　B. a 的地址　　C. 512　　D. 511

3. 已有定义 int a=2, *p1=&a, *p2=&a; 下面不能正确执行的赋值语句是（　　）。

A. a=*p1+*p2;　　B. p1=a;　　C. p1=p2;　　D. a=*p1*(*p2);

4. 变量的指针，其含义是指该变量的（　　）。

A. 值　　B. 地址　　C. 名　　D. 一个标志

5. 若已定义 int a=5; 下面对（1）、（2）两个语句的正确解释是（　　）。

（1） int *p=&a;　　（2） *p=a;

A. 语句（1）和（2）中的*p 含义相同，都表示给指针变量 p 赋值

B. （1）和（2）语句的执行结果，都是把变量 a 的地址值赋给指针变量 p

C. （1）在对 p 进行说明的同时进行初始化，使 p 指向 a；（2）变量 a 的值赋给指针变量 p

D. （1）在对 p 进行说明的同时进行初始化，使 p 指向 a；（2）将变量 a 的值赋予*p

6. 若有语句 int *p, a=10; p=&a; ，下面均代表地址的一组选项是（　　）。

A. a, p, *&a

B. &*a, &a, *p

C. *&p, *p, &a

D. &a, &*p, p

7. 在以下程序中调用 scanf 函数给变量 a 输入数值的方法是错误的，错误原因是（　　）。

```
#include <stdio.h>
main()
{
    int *p, *q, a, b;
    p=&a;
    printf("input a:");
    scanf("%d", *p);
    …
}
```

A. *p 表示的是指针变量 p 的地址

B. *p 表示的是变量 a 的值，而不是变量 a 的地址

C. *p 表示的是指针变量 p 的值

D. *p 只能用来说明 p 是一个指针变量

8. 有以下程序段：

```
typedef struct NODE
```

```
  {
     int  num;
     struct NODE  *next;
  } OLD;
```

以下叙述中正确的是（　　）。

A. 以上的说明形式非法

B. NODE 是一个结构体类型

C. OLD 是一个结构体类型

D. OLD 是一个结构体变量

9. 若有以下说明和定义：

```
union  dt
{
    int  a;
    char  b;
    double  c;
}data;
```

以下叙述中错误的是（　　）。

A. data 的每个成员起始地址都相同

B. 变量 data 所占内存字节数与成员 c 所占字节数相等

C. 程序段：data.a=5;printf("%f\n",data.c);输出结果为 5.000000

D. data 可以作为函数的实参

10. 设有以下说明语句：

```
typedef  struct  ST
{
   long a;
   int  b;
   char  c[2];
} NEW;
```

则以下叙述中正确的是（　　）。

A. 以上的说明形式非法

B. ST 是一个结构体类型

C. NEW 是一个结构体类型

D. NEW 是一个结构体变量

11. 设有以下语句：

```
typedef struct  S
{
    int g;
    char  h;
}   T;
```

则以下叙述中正确的是（　　）。

A. 可用 S 定义结构体变量

B. 可以用T定义结构体变量

C. S是struct类型的变量

D. T是struct S类型的变量

12. 设有以下说明：

```
typedef struct
{
    int n;
    char c;
    double x;
}STD;
```

则以下选项中能正确定义结构体数组并赋初值的语句是（ ）。

A. STD tt[2]={{1,'A',62},{2, 'B',75}};

B. STD tt[2]={1,"A",62},2, "B",75};

C. struct tt[2]={{1,'A'},{2, 'B'}};

D. structtt[2]={{1,"A",62.5},{2, "B",75.0}};

13. 设有以下说明语句：

```
typedef struct
{
    int n;
    char ch[8];
}PER;
```

则以下叙述中正确的是（ ）。

A. PER 是结构体变量名

B. PER是结构体类型名

C. typedef struct 是结构体类型

D. struct 是结构体类型名

14. 设有以下说明语句：

```
struct ex
{
    int x ;
    float y;
    char z ;
} example;
```

则以下叙述中不正确的是（ ）。

A. struct是结构体类型的关键字

B. example是结构体类型名

C. x,y,z都是结构体成员名

D. struct ex是结构体类型

15. 以下判断正确的是（ ）。

A. char *s="girl";等价于 char *s; *s="girl";

B. char s[10]={"girl"};等价于 char s[10]; s[10]={"girl"};

C. char *s="girl";等价于 char *s; s="girl";

D. char s[4]= "boy", t[4]= "boy"; 等价于 char s[4]=t[4]= "boy"

二、填空题

1. 设有定义：int a, *p=&a; 。以下语句将利用指针变量 p 读写变量 a 中的内容。请将语句补充完整。

```
scanf("%d", ________);
printf("%d\n", ________ );
```

2. 以下程序的运行结果是________。

```
#include "stdio.h"
#include "string.h"
int *p;
main()
{
    int x=1, y=2, z=3;
    p=&y;
 fun(x+z, &y);
 printf("(1) %d  %d  %d\n", x, y, *p);
}
fun( int x, int *y)
{
    int z=4;
    *p=*y+z;
    x=*p-z;
 printf("(2) %d   %d   %d\n", x, *y, *p);
}
```

3. 以下程序的运行结果是________。

```
char s[80], *t="EXAMPLE";
t=strcpy(s, t);
s[0]='e';
puts(t);
```

4. 以下程序的运行结果是________。

```
#include "stdio.h"
main()
{
    char *p="abcdefgh", *r;   long *q;
    q=(long *) p;
    q++;
    r=(char *) q;
 printf("%s\n", r);
}
```

5. 以下程序的功能是比较两个字符串是否相等，若相等则返回 1，否则返回 0。请填空。

```
#include "stdio.h"
#include "string.h"
fun (char *s, char *t)
{
    int m=0;
    while (*(s+m)==*(t+m) && ________)
        m++;
    return (________);
}
```

三、编程题

1. 设计程序在 a 数组中查找与 x 值相同的元素的所在位置。
2. 设计程序进行比较两个字符串是否相等，若相等则返回 1，否则返回 0。
3. 编写一个求字符串的函数（参数用指针），在主函数中输入字符串，并输出其长度。
4. 利用指向行的指针变量求 5×3 数组各行元素之和。
5. 利用结构体输入 10 个圆形的半径，按照圆形的面积大小排序输出。

PART 8

项目 8 磁盘操作

学习目标

- 文件的打开与关闭
- 文件的读取与写入
- 文件定位技术

你所要回顾的

到本项目为止，C 语言的基本语法部分已经基本上讲完了，我们现在就来回顾一下之前学习的七个项目所涵盖的内容。这些内容主要是常量、变量、表达式、控制语句和函数五大部分，我们学习了这五大部分的基本语法，也就是怎样使用的基本方法。到了这里最重要的还是怎样使用这五大部分进行组合来解决问题，即编程思想，我一直认为编程思想是一点一点总结经验形成的，而不是别人告诉你的。还有一点是需要总结的，那就是编程的书写格式，这一点也是很重要的，学习是一种习惯，编程也是一样，习惯一旦养成就很难改正了，所以你要养成良好的编程习惯，利人利己。

你所要展望的

前面说了我们要回顾的一些知识，接下来聊聊我们要展望的。本项目是对磁盘进行操作，也可以理解为文件的读写。所谓的文件读写就是通过 C 语言程序在磁盘上创建文件并将数据信息写入到文件中，这里可以实现有格式的写入，以及追加写入等操作。对文件的读取就是可以将文件的信息获取后输出在屏幕上，这里的读取可以从头读取也可以根据规定的位置进行读取。本项目有利于对文件流的理解和运用，为今后在高级语言中文件的操作打下了基础。

8.1 任务 1 磁盘操作

8.1.1 现在你要做的事情

从键盘输入两个学生数据，写入一个文件中，再读出这两个学生的数据显示在屏幕上。

8.1.2 参考的执行结果

（1）输入两个学生的数据，如图 8-1 所示。

```
************input data************
input  [1]  student_no: 200101
input  [1]  student_name: Lisi
input  [1]  student_sc1: 86
input  [1]  student_sc2: 89
input  [2]  student_no: 200102
input  [2]  student_name: Zhangsan
input  [2]  student_sc1: 91_
```

图 8-1　输入数据运行图

（2）输入数据后得到的结果如图 8-2 所示。

```
************input data************
input  [1]  student_no: 200101
input  [1]  student_name: Lisi
input  [1]  student_sc1: 86
input  [1]  student_sc2: 89
input  [2]  student_no: 200102
input  [2]  student_name: Zhangsan
input  [2]  student_sc1: 91
input  [2]  student_sc2: 89

****************student sc_list***************
id    student_no    student_name        student_sc
1     200101         Lisi                    87.50
2     200102         Zhangsan                90.00
```

图 8-2　运行结果图

8.1.3　我给你的提示

本任务主要是通过程序将输入的数据以二进制的形式写到磁盘的文件中，然后再通过程序把数据从文件中读取出来显示在屏幕上，具体的设计步骤如下。

（1）建立学生信息的结构体 student，声明四个变量，两个结构体变量数组，两个结构指针。

（2）借鉴项目七的学生成绩计算系统的例子来定义两个子函数，用来输入数据的子函数 setInfo 和用来显示数据的函数 display。

（3）主函数中定义用来操作文件的指针 pf。

（4）使用 fopen 函数以读写的形式在 D 盘下建立文件 sc_list，这里要判断是否建立成功，其条件就是函数返回值是否为 null，如果为 null 表示建立失败，需要提示给用户建立失败，并使用 exit(1)函数退出程序。

（5）调用 setInfo 函数输入学生的信息数据。

（6）使用 fwrite 函数向已建立好的文件中写入两个数据块。

（7）使用 rewind(pf)函数将读取指针定位在文件的首部，为读取数据做准备。

（8）使用 fread 函数读取文件的数据，将读取到的数据放到 p2 中。
（9）调用 display 函数将读取到的数据显示在屏幕上。
（10）使用 fclose(pf)函数关闭文件操作。

8.1.4 验证成果

以下是本程序代码，仅供参考：

```
#include "stdio.h"
#include "conio.h"
/*定义学生基本信息结构体*/
struct student
{
    char *name; /*姓名*/
    char  *no; /*学号*/
    double sc_all; /*总成绩*/
    int sc_1; /*期中成绩*/
    int sc_2; /*期末成绩*/
}stu1[2],stu2[2],*p1,*p2; /*定义全局的结构体变量*/
/*定义函数用来输入学生基本信息，参数 len 为学生个数*/
void setInfo(int len)
{
    int j;/*循环控制变量*/
    /*循环输入学生基本信息*/
    for(j=0;j<len;j++)
    {
        /*输出提示要输入的项*/
        printf("input  [%d]  student_no: ",j+1);
        /*为学号指针变量动态分配 20 个字符的内存空间*/
        stu1[j].no=(char*)malloc(20);
        /*输入学号*/
        scanf("%s",stu1[j].no);
        /*清空缓冲区*/
        fflush(stdin);
        /*输出提示要输入的项*/
        printf("input  [%d]  student_name: ",j+1);
        /*为姓名指针变量动态分配 20 个字符的内存空间*/
        stu1[j].name=(char*)malloc(20);
        /*输入姓名*/
        scanf("%s",stu1[j].name);
        /*清空缓冲区*/
        fflush(stdin);
```

```
        /*输出要输入的项的提示*/
        printf("input  [%d]  student_sc1: ",j+1);
        /*输入期中成绩*/
        scanf("%d",&stu1[j].sc_1);
        /*输出要输入的项的提示*/
        printf("input  [%d]  student_sc2: ",j+1);
        /*输入期末成绩*/
        scanf("%d",&stu1[j].sc_2);
        /*根据公式计算总成绩*/
        stu1[j].sc_all=stu1[j].sc_1*0.5+stu1[j].sc_2*0.5;
    }
}
/*定义显示函数*/
void display(int len)
{
    int j;/*循环控制变量*/
    /*输出总标题*/
    printf("\n***************student sc_list***************\n");
    /*输出各列标题*/
    printf("id  student_no  student_name     student_sc\n");
    /*循环输出详细信息*/
    for(j=0;j<len;j++)
    {
        printf("%-2d  %-11s  %-15s
%-5.2f\n",j+1,stu2[j].no,stu2[j].name,stu2[j].sc_all);
    }
}
void main()
{
  FILE *pf;/*定义文件指针变量fp*/
  /*给结构体指针变量p1赋值*/
  p1=stu1;
  /*给结构体指针变量p2赋值*/
  p2=stu2;
  /*判断以读写的方式打开或建立一个二进制文件sc_list是否成功*/
  if((pf=fopen("d:\\sc_list","wb+"))==NULL)
  {
    /*不成功，输出提示*/
    printf("Cannot open file strike any key exit!");
    /*屏幕等待显示*/
    getch();
```

```
        /*退出程序*/
        exit(1);
    }
    /*输出提示信息*/
    printf("\n***********input data***********\n");
    /*调用输出函数输入数据*/
    setInfo(2);
    /*给结构体指针变量 p1 赋值*/
    p1=stu1;
    /*向文件写入两个数据块*/
    fwrite(p1,sizeof(struct student),2, pf);
    /*文件定位在文件首*/
    rewind(pf);
    /*从文件读取两个数据块*/
    fread(p2,sizeof(struct student),2, pf);
    /*调用显示函数显示数据*/
    display(2);
    /*关闭文件*/
    fclose(pf);
    getch();
}
```

8.2 技术支持

8.2.1 文件概述

所谓“文件”是指一组相关数据的有序集合。这个数据集有一个名称，叫作文件名。实际上在前面的各章中我们已经多次使用了文件，例如源程序文件、目标文件、可执行文件、库文件 （头文件）等。

文件通常是驻留在外部介质（如磁盘等）上的，在使用时才调入内存中来。从不同的角度可对文件做不同的分类。从用户的角度看，文件可分为普通文件和设备文件两种。普通文件是指驻留在磁盘或其他外部介质上的一个有序数据集，可以是源文件、目标文件、可执行程序；也可以是一组待输入处理的原始数据，或者是一组输出的结果。对于源文件、目标文件、可执行程序可以称作程序文件，对输入输出数据可称作数据文件。设备文件是指与主机相联的各种外部设备，如显示器、打印机、键盘等。在操作系统中，把外部设备也看作一个文件来进行管理，把它们的输入、输出等同于对磁盘文件的读和写。

通常把显示器定义为标准输出文件，一般情况下在屏幕上显示有关信息就是向标准输出文件输出。如前面经常使用的 printf，putchar 函数就是这类输出。

从文件编码的方式来看，文件可分为 ASCII 码文件和二进制码文件两种。ASCII 文件也称为文本文件，这种文件在磁盘中存放时每个字符对应一个字节，用于存放对应的 ASCII 码。

二进制文件是按二进制的编码方式来存放文件的。二进制文件虽然也可在屏幕上显示，但其内容无法读懂。C 系统在处理这些文件时，并不区分类型，都看成字符流，按字节进行处理。

输入输出字符流的开始和结束只由程序控制而不受物理符号（如回车符）的控制，因此也把这种文件称作“流式文件”。

1．文件指针

在 C 语言中用一个指针变量指向一个文件，这个指针称为文件指针。通过文件指针就可对它所指的文件进行各种操作。

一般形式为：

FILE * 指针变量标识符；

FILE * pf;

其中 FILE 应为大写，它实际上是由系统定义的一个结构，该结构中含有文件名、文件状态和文件当前位置等信息。在编写源程序时不必关心 FILE 结构的细节。

2．文件的打开与关闭

文件在进行读写操作之前要先打开，使用完毕要关闭。所谓打开文件，实际上是建立文件的各种有关信息，并使文件指针指向该文件，以便进行其他操作。关闭文件则断开指针与文件之间的联系，也就禁止再对该文件进行操作。

（1）文件的打开（fopen 函数）

fopen 函数用来打开一个文件，其调用的一般形式为：

文件指针名=fopen(文件名,使用文件方式);

pf=fopen("d:\\sc_list","wb+");

注意：

- “文件指针名”必须是被说明为 FILE 类型的指针变量；
- “文件名”是被打开文件的文件名，一般为路径，在使用中路径字符串常量中的两个反斜线“\\”中的第一个表示转义字符，第二个表示根目录；
- “使用文件方式”是指文件的类型和操作要求。

使用文件的方式共有 12 种，下面给出了它们的符号和意义。

文件使用方式	意义
rt	以只读方式打开一个文本文件，只允许读数据
wt	以只写方式打开或建立一个文本文件，只允许写数据
at	以追加方式打开一个文本文件，并在文件末尾写数据
rb	以只读方式打开一个二进制文件，只允许读数据
wb	以只写方式打开或建立一个二进制文件，只允许写数据
ab	以追加方式打开一个二进制文件，并在文件末尾写数据
rt+	以读写方式打开一个文本文件，允许读和写
wt+	以读写方式打开或建立一个文本文件，允许读写
at+	以读写方式打开一个文本文件，允许读，或在文件末追加数据
rb+	以读写方式打开一个二进制文件，允许读和写
wb+	以读写方式打开或建立一个二进制文件，允许读和写
ab+	以读写方式打开一个二进制文件，允许读，或在文件末追加数据

对于文件使用方式有以下几点说明。

① 文件使用方式由 r、w、a、t、b、+六个字符拼成，各字符的含义是：

r（read）：读；

w（write）：写；

a（append）：追加；

t（text）：文本文件，可省略不写；

b（banary）：二进制文件；

+：读和写。

② 凡用 r 打开一个文件时，该文件必须已经存在，且只能从该文件读出。

③ 用 w 打开的文件只能向该文件写入。若打开的文件不存在，则以指定的文件名建立该文件，若打开的文件已经存在，则将该文件删去，重建一个新文件。

④ 若要向一个已存在的文件追加新的信息，只能用 a 方式打开文件。但此时该文件必须是存在的，否则将会出错。

⑤ 在打开一个文件时，如果出错，fopen 将返回一个空指针值 NULL。在程序中可以用这一信息来判别是否完成打开文件的工作，并作相应的处理。因此常用以下程序段打开文件：

```
if((fp=fopen("d:\\sc_list ","rb")==NULL)
{
 printf("\error on open d:\\sc_list file!");
 getch();
 exit(1);
 }
```

这段程序的意义是，如果返回的指针为空，表示不能打开 d 盘根目录下的 sc_list 文件，则给出提示信息“error on open d:\\sc_list file!”，下一行 getch()的功能是从键盘输入一个字符，但不在屏幕上显示。在这里，该行的作用是等待，只有当用户从键盘敲任一键时，程序才继续执行，因此用户可利用这个等待时间阅读出错提示。敲键后执行 exit(1)退出程序。

⑥ 把一个文本文件读入内存时，要将 ASCII 码转换成二进制码，而把文件以文本方式写入磁盘时，也要把二进制码转换成 ASCII 码，因此文本文件的读写要花费较多的转换时间。对二进制文件的读写不存在这种转换。

⑦ 标准输入文件（键盘），标准输出文件（显示器），标准出错输出（出错信息）是由系统打开的，可直接使用。

（2）文件关闭函数（fclose 函数）

文件一旦使用完毕，应用关闭文件函数把文件关闭，以避免文件的数据丢失等错误。

fclose 函数调用的一般形式是：

fclose(文件指针);

fclose(pf);

正常完成关闭文件操作时，fclose 函数返回值为 0。如返回非零值则表示有错误发生。

8.2.2 文件读写

1．字符读写函数 fgetc 和 fputc

字符读写函数是以字符（字节）为单位的读写函数。 每次可从文件读出或向文件写入一个字符。

（1）读字符函数 fgetc

fgetc 函数的功能是从指定的文件中读一个字符，函数调用的形式为：

```
字符变量=fgetc（文件指针）;
ch=fgetc(pf);
```

其意义是从打开的文件 pf 中读取一个字符并送入 ch 中。

对于 fgetc 函数的使用有以下几点说明。

- 在 fgetc 函数调用中，读取的文件必须是以读或读写方式打开的。
- 读取字符的结果也可以不向字符变量赋值，但是读出的字符不能保存。
- 在文件内部有一个位置指针。用来指向文件的当前读写字节。在文件打开时，该指针总是指向文件的第一个字节。使用 fgetc 函数后，该位置指针将向后移动一个字节。

因此，可连续多次使用 fgetc 函数读取多个字符。应注意文件指针和文件内部的位置指针不是一回事。文件指针是指向整个文件的，须在程序中定义说明，只要不重新赋值，文件指针的值是不变的。文件内部的位置指针用以指示文件内部的当前读写位置，每读写一次，该指针均向后移动，它不需在程序中定义说明，而是由系统自动设置的。

【例 8.1】读取 d 盘下文件 test1.txt，在屏幕上输出。

```
#include "stdio.h"
#include "conio.h"
void main()
{
    FILE *pf;
    char ch;
    if((pf=fopen("d:\\test.txt","rt"))==NULL)
    {
           printf("\nCannot open file strike any key exit!");
           getch();
           xit(1);
    }
    ch=fgetc(pf);
    while(ch!=EOF)
    {
           putchar(ch);
           ch=fgetc(pf);
    }
    fclose(pf);
        getch();
}
```

说明：本例程序的功能是从文件中逐个读取字符，在屏幕上显示。程序定义了文件指针 pf，以读文本文件方式打开文件“d:\\test.txt”，并使 pf 指向该文件。如打开文件出错，给出提示并退出程序。程序中 ch=fgetc(pf);语句先读出一个字符，然后进入循环，只要读出的字符不是文件结束标志（每个文件末有一结束标志 EOF）就把该字符显示在屏幕上，再读入下一字符。每读一次，文件内部的位置指针向后移动一个字符，文件结束时，该指针指向 EOF。执行本程序将显示整个文件。

（2）写字符函数 fputc

fputc 函数的功能是把一个字符写入指定的文件中，函数调用的形式为：

```
fputc（字符量,文件指针）；
fputc('a', pf);
```

其意义是把字符 a 写入 pf 所指向的文件中。

对于 fputc 函数的使用也要说明几点。

- 被写入的文件可以用写、读写、追加方式打开，用写或读写方式打开一个已存在的文件时将清除原有的文件内容，写入字符从文件首开始。如需保留原有文件内容，希望写入的字符以文件末开始存放，必须以追加方式打开文件。被写入的文件若不存在，则创建该文件。
- 每写入一个字符，文件内部位置指针向后移动一个字节。
- fputc 函数有一个返回值，如写入成功则返回写入的字符，否则返回一个 EOF。可用此来判断写入是否成功。

【例 8.2】从键盘输入一行字符，写入一个文件，再把该文件内容读出显示在屏幕上。

```
#include "stdio.h"
#include "conio.h"
void main()
{
    FILE *pf;
    char ch;
    if((pf=fopen("d:\\test","wt+"))==NULL)
    {
            printf("Cannot open file strike any key exit!");
            getch();
            exit(1);
    }
    printf("input a string:\n");
    ch=getchar();
    while (ch!='\n')
    {
            fputc(ch, pf);
            ch=getchar();
    }
    rewind(pf);
    ch=fgetc(pf);
    while(ch!=EOF)
    {
            putchar(ch);
            ch=fgetc(pf);
    }
```

```
    printf("\n");
    fclose(fp);
    getch();
}
```

说明：程序 ch=getchar(); 语句从键盘读入一个字符后进入循环，当读入字符不为回车符时，则把该字符写入文件之中，然后继续从键盘读入下一字符。每输入一个字符，文件内部位置指针向后移动一个字节。写入完毕，该指针已指向文件末。如要把文件从头读出，须把指针移向文件头，程序中使用 rewind 函数把 pf 所指文件的内部位置指针移到文件头。

2．字符串读写函数 fgets 和 fputs

（1）读字符串函数 fgets

函数的功能是从指定的文件中读一个字符串到字符数组中，函数调用的形式为：

```
Fgets（字符数组名，n,文件指针）；
fgets(str,n, pf);
```

其中的 n 是一个正整数。表示从文件中读出的字符串不超过 n－1 个字符。在读入的最后一个字符后加上串结束标志'\0'。

【例 8.3】从 test 文件中读入一个含 10 个字符的字符串。

```
#include "stdio.h"
#include "conio.h"
void main()
{
    FILE *pf;
    char str[11];
    if((pf=fopen("d:\\test","rt"))==NULL)
    {
        printf("\nCannot open file strike any key exit!");
        getch();
        exit(1);
    }
    fgets(str,11, pf);
    printf("\n%s\n",str);
    fclose(pf);
getch();
}
```

说明：本例定义了一个字符数组 str 共 11 个字节，在以读文本文件方式打开文件 test 后，从中读出 10 个字符送入 str 数组，在数组最后一个单元内将加上'\0'，然后在屏幕上显示输出 str 数组。

对 fgets 函数有两点说明：

- 在读出 n－1 个字符之前，如遇到了换行符或 EOF，则读出结束。
- fgets 函数也有返回值，其返回值是字符数组的首地址。

（2）写字符串函数 fputs

fputs 函数的功能是向指定的文件写入一个字符串，其调用形式为：

```
fputs(字符串,文件指针);
```

```
fputs("abcd",fp);
```

其中字符串可以是字符串常量，也可以是字符数组名，或指针变量。

【例 8.4】在例 8.2 中建立的文件 test 中追加一个字符串。

```
#include "stdio.h"
#include "conio.h"
void main()
{
    FILE *pf;
    char ch,st[20];
    if((pf=fopen("d:\\test","at+"))==NULL)
    {
            printf("Cannot open file strike any key exit!");
            getch();
            exit(1);
    }
    printf("input a string:\n");
    scanf("%s",st);
    fputs(st, pf);
    rewind(pf);
    ch=fgetc(pf);
    while(ch!=EOF)
    {
            putchar(ch);
            ch=fgetc(pf);
    }
    printf("\n");
    fclose(pf);
    getch();
}
```

说明：本例要求在 test 文件末加写字符串，因此，在程序 pf=fopen("d:\\test","at+")语句以追加读写文本文件的方式打开文件 test。然后输入字符串，并用 fputs 函数把该串写入文件 test。在程序中使用 rewind 函数把文件内部位置指针移到文件首。再进入循环逐个显示当前文件中的全部内容。

3．数据块读写函数 fread 和 fwtrite

C 语言还提供了用于整块数据的读写函数。可用来读写一组数据，如一个数组元素，一个结构变量的值等。

读数据块函数调用的一般形式为：

```
fread(buffer,size,count, pf);
```

写数据块函数调用的一般形式为：

```
fwrite(buffer,size,count, pf);
```

其中，

buffer：是一个指针，在 fread 函数中，它表示存放输入数据的首地址。在 fwrite 函数中，它表示存放输出数据的首地址。

size：表示数据块的字节数。

count：表示要读写的数据块块数。

Pf：表示文件指针。

4．格式化读写函数 fscanf 和 fprintf

fscanf 函数，fprintf 函数与前面使用的 scanf 和 printf 函数的功能相似，都是格式化读写函数。两者的区别在于 fscanf 函数和 fprintf 函数的读写对象不是键盘和显示器，而是磁盘文件。

这两个函数的调用格式为：

```
Fscanf（文件指针，格式字符串，输入表列）；
fscanf(fp,"%d%s",&i,s);
fprintf（文件指针，格式字符串，输出表列）；
fprintf(fp,"%d%c",j,ch);
```

【例 8.5】从键盘输入两个学生数据，写入一个文件中，再读出这两个学生的数据显示在屏幕上。

```
#include "stdio.h"
#include "conio.h"
struct stu
{
    char name[10];
    int num;
    int age;
    char addr[15];
}boya[2],boyb[2],*pp,*qq;
void main()
{
    FILE *pf;
    char ch;
    int i;
    pp=boya;
    qq=boyb;
    if((pf=fopen("stu_list","wb+"))==NULL)
    {
            printf("Cannot open file strike any key exit!");
            getch();
            exit(1);
    }
    printf("\ninput data\n");
    for(i=0;i<2;i++,pp++)
    {
```

```
            scanf("%s%d%d%s",pp->name,&pp->num,&pp->age,pp->addr);
    }
    pp=boya;
    for(i=0;i<2;i++,pp++)
    {
            fprintf(pf,"%s %d %d %s\n",pp->name,pp->num,pp->age,
            pp->addr);
    }
    rewind(pf);
    for(i=0;i<2;i++,qq++)
    {
            fscanf(pf,"%s %d %d %s\n",qq->name,&qq->num,&qq->age,qq->addr);
    }
    printf("\n\nname\tnumber      age      addr\n");
    qq=boyb;
    for(i=0;i<2;i++,qq++)
    {
            printf("%s\t%5d  %7d     %s\n",qq->name,qq->num, qq->age,
            qq->addr);
    }
    fclose(fp);
    getch();
}
```

说明：本程序中 fscanf 和 fprintf 函数每次只能读写一个结构数组元素，因此采用了循环语句来读写全部数组元素。还要注意指针变量 pp、qq，由于循环改变了它们的值。

5．文件的随机读写

前面介绍的对文件的读写方式都是顺序读写，即读写文件只能从头开始，顺序读写各个数据。 但在实际问题中常要求只读写文件中某一指定的部分。为了解决这个问题可移动文件内部的位置指针到需要读写的位置，再进行读写，这种读写称为随机读写。

实现随机读写的关键是要按要求移动位置指针，这称为文件的定位。

移动文件内部位置指针的函数主要有两个，即 rewind 函数和 fseek 函数。

rewind 函数前面已多次使用过，其调用形式为：

```
rewind(文件指针);
```

它的功能是把文件内部的位置指针移到文件首。

fseek 函数用来移动文件内部位置指针，其调用形式为：

```
fseek(文件指针，位移量，起始点);
```

其中，

- 文件指针：指向被移动的文件。
- 位移量：表示移动的字节数，要求位移量是 long 型数据，以便在文件长度大于 64KB 时不会出错。当用常量表示位移量时，要求加后缀L。

● 起始点：表示从何处开始计算位移量，规定的起始点有三种：文件首、当前位置和文件尾。

例如：

```
fseek(fp,100L,0);
```

其意义是把位置指针移到离文件首100个字节处。

还要说明的是fseek函数一般用于二进制文件。在文本文件中由于要进行转换，故往往计算的位置会出现错误。

在移动位置指针之后，即可用前面介绍的任一种读写函数进行读写。由于一般是读写一个数据块，因此常用fread和fwrite函数。

下面用例题来说明文件的随机读写。

8.2.3 文件检测

C语言中常用的文件检测函数有以下几个。

（1）文件结束检测函数feof函数

调用格式：

```
Feof（文件指针）;
```

功能：判断文件是否处于文件结束位置，如文件结束，则返回值为1，否则为0。

（2）读写文件出错检测函数

ferror函数调用格式：

```
ferror（文件指针）;
```

功能：检查文件在用各种输入输出函数进行读写时是否出错。如ferror返回值为0表示未出错，否则表示有错。

（3）文件出错标志和文件结束标志置0函数

clearerr函数调用格式：

```
clearerr（文件指针）;
```

功能：本函数用于清除出错标志和文件结束标志，使它们为0值。

习 题

一、选择题

1. 以下关于文件包含的说法中错误的是（　　）。

   A. 文件包含是指一个源文件可以将另一个源文件的全部内容包含进来。

   B. 文件包含处理命令的格式为

   #include "包含文件名" 或 #include <包含文件名>

   C. 一条包含命令可以指定多个被包含文件

   D. 文件包含可以嵌套，即被包含文件中又包含另一个文件。

2. 以下叙述正确的是（　　）。

   A. 可以把define和if定义为用户标识符

   B. 可以把define定义为用户标识符，但不能把if定义为用户标识符

   C. 可以把if定义为用户标识符，但不能把define定义不用户标识符

D. define 和 if 都不能定义为用户标识符

3. 以下语句中，将 C 定义为文件型指针的是（　　）。

A. FILE c;

B. FILE *c;

C. file c;

D. file *c;

4. 若有定义 FILE *fp，则打开与关闭文件的命令是（　　）。

A. fopen(fp),fclose(fp)

B. fopen(fp, "w"),fclose(fp)

C. open(fp),close(fp)

D. open(fp, "W"),close(fp)

5. C 语言中，组成数据文件的成分是（　　）。

A. 记录

B. 数据行

C. 数据块

D. 字符（字节）序列

6. 以下关于 C 语言数据文件的叙述中正确的是（　　）。

A. 文件由 ASCII 码字符序列组成，C 语言只能读写文本文件

B. 文件由二进制数据序列组成，C 语言只能读写二进制文件

C. 文件由数据流形式组成，可按数据的存放形式分为二进制文件和文本文件

D. 文件由记录序列组成，可按数据的存放形式分为二进制文件和文本文件

7. 利用 fseek 函数可实现的操作（　　）。

A. fseek(文件类型指针,起始点,位移量);

B. fseek(fp,位移量,起始点);

C. fseek(位移量,起始点,fp);

D. fseek(起始点,位移量,文件类型指针);

8. 在执行 fopen 函数时，ferror 函数的初值是（　　）。

A. TURE　　B. −1　　C. 1　　D. 0

9. fgetc 函数的作用是从指定文件读入一个字符，该文件的打开方式必须是（　　）。

A. 只写　　B. 追加　　C. 读或读写　　D. 答案 b 和 c 都正确

10. 若要用 fopen 函数打开一个新的二进制文件，该文件既要能读也能写，则文件方式字符串应是（　　）。

A. "ab+"　　B. "wb+"　　C. "rb+"　　D. "ab"

二、编程题

1. 一条学生的记录包括学号、姓名和成绩等信息。

（1）格式化输入多个学生记录。

（2）利用 fwrite 将学生信息按二进制方式写到文件中。

（3）利用 fread 从文件中读出成绩并求平均值。

（4）对文件按成绩排序，将成绩单写入文本文件中。

2. 编写程序统计某文本文件中包含句子的个数。

3. 编写函数实现单词的查找，对于已打开的文本文件，统计其中包含某单词的个数。

PART 9 项目9 图形绘制与动画制作

学习目标

- C语言图形绘制原理
- 基本绘图函数的使用
- 简单动画制作的技巧

你所要回顾的

最后一个项目了，之前所学的你还记得多少呢？现在应该好好思考一下我们从这本书上都学习了什么。之前的项目主要学习到的应该是以下三方面的内容。

（1）程序的基本构成，也可以理解为程序的基本语法，例如变量怎么定义的，标准的条件语句是怎样写的，函数是怎样定义的和调用的等，这也是最基本的。

（2）程序的书写格式，程序最基本的书写规范。

（3）编程思想，这是最难的，但也是最重要的，是解决问题的方法。

你所要展望的

前面说了我们要回顾的一些知识，接下来聊聊我们要展望的。本项目介绍的内容将我们原来的输出模式——有文本模式转换到图形模式下输出，换了一种输出的方式同时也会讲解到模式转换的方法，本项目的内容在当下实际开发中可能使用不到了，但其编程的思想还是有一定的作用的。本项目主要解决两个知识，一个是使用绘图函数绘制基本图形，难点是图形的填充上。另一个知识点是动画的制作，包括两种方法清屏法和擦尾法，这种动画制作的思想在今后的学习中，尤其是在简单的游戏中还会用到的。

9.1 任务1 图形绘制

9.1.1 现在你要做的事情

本任务要求使用图形初始化函数搭建起绘制图形平台，然后应用绘制图形函数绘制下列图形：

（1）设置背景为白色，然后在屏幕上坐标为（50，50）的点开始，沿水平方向绘制 50 个点，要求点的颜色从 0~9 循环设置。

（2）绘制起点为（60，60），终点为(150，60)的蓝色线段。

（3）绘制圆心为（100，100）半径为 30 的绿色空心圆。

（4）绘制以（100，200）为中心，20 为 x 轴半径和 30 为 y 轴半径，从 30° 开始到 180 结束画一段红色椭圆线。

（5）绘制以（100，250）为左上角，（150，300）为右下角画黄色矩形框。

（6）绘制起点为（200，60）终点为（250，60）的黄色、三个像素宽的点线段。

（7）绘制圆心为（250，200）半径为 30 的红色实心、淡洋红边的圆。

（8）绘制以（250，250）为左上角，（300，300）为右下角画淡青边中间绿色斜线填充一个矩形。

（9）在坐标为（200，350）的位置绘制红色文本 good。

9.1.2 参考的执行结果

运行结果如图 9-1 所示。

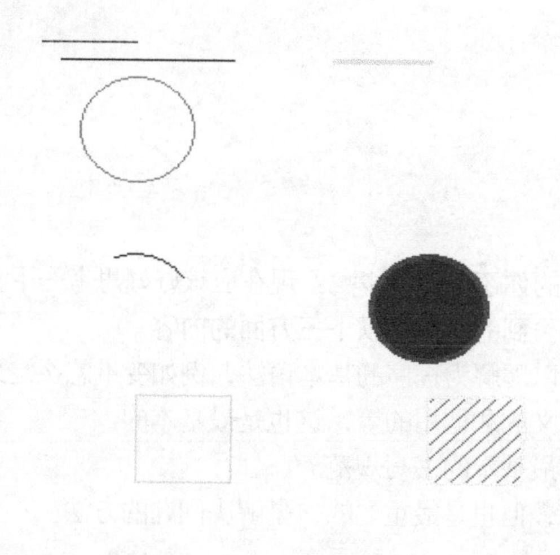

图 9-1 运行结果图

9.1.3 我给你的提示

本任务要求使用 C 语言程序绘制图形，所以图形就不会在我们上几个项目中的文档模式下输出了，需要在 BGI 图形模式下输出。

具体步骤如下。

（1）定义函数 initgr，设置图形驱动器和模式参数，然后注册 BGI 驱动。

（2）设置背景颜色和绘图颜色，颜色值参数可以用数字来表示，具体的参照表在技术支持中会有。

（3）根据要求调用各基本绘图函数来绘制图形。

9.1.4 验证成果

以下是本程序代码，仅供参考：

```
#include "conio.h"
#include "graphics.h"
#define closegr closegraph
```

```
/* BGI 初始化 */
void initgr(void)
{
     /* 和 gd = VGA,gm = VGAHI 是同样效果 */
     int gd = DETECT, gm = 0;
     /* 注册 BGI 驱动后可以不需要.BGI 文件的支持运行 */
     registerbgidriver(EGAVGA_driver);
     initgraph(&gd, &gm, "");
}

int main(void)
{
     int i;
     /* BGI 初始化 */
     initgr();
     /*设置背景颜色*/
     setbkcolor( 15);
     /*循环画 50 个像素点*/
     for(i=0;i<50;i++)
     {
          putpixel(50+i, 50, i%10);
     }
     /*设置线的颜色*/
     setcolor(1);
     /*画线段*/
     line(60, 60, 150, 60);
     /*设置线的颜色*/
     setcolor(2);
     /*画圆*/
     circle(100, 100, 30);
     /*设置线的颜色*/
     setcolor(4);
     /*画椭圆*/
     ellipse(100,200,30,180,20,30);
     /*设置线的颜色*/
     setcolor(14);
     /*画矩形*/
     rectangle(100, 250, 150, 300);
     /*设定线型*/
     setlinestyle(1, 0, 3);
     /*画线段*/
```

```
    line(200, 60, 250, 60);
    /*设置线的颜色*/
    setcolor(13);
    /*设置填充的类型和颜色*/
    setfillstyle(1, 4);
    /*画圆*/
    circle(250, 200, 30);
    /*填充颜色*/
    floodfill(250, 200, 13);
    /*设定线型*/
    setlinestyle(0, 0, 1);
    /*设置线的颜色*/
    setcolor(11);
    /*设置填充的类型和颜色*/
    setfillstyle(3, 2);
    /*画矩形*/
    rectangle(250, 250, 300, 300);
    /*填充颜色*/
    floodfill(260, 260, 11);
    /*设置线的颜色*/
    setcolor(4);
    /*设置文本类型*/
    settextstyle(3, 0, 10);
    /*输出文本*/
    outtextxy(250, 350, "Good");
    /* 暂停一下，看看前面绘图代码的运行结果 */
    getch();
    /* 恢复 TEXT 屏幕模式 */
    closegr();
    return 0;
}
```

9.2 任务 2 “落雪”场景制作

9.2.1 现在你要做的事情

本程序要完成以下功能：

使用“擦尾法”实现“落雪”场景：利用本方法来实现在高度为 500 的位置上下雪花，在 20 像素的位置实现堆雪现象。

9.2.2 参考的执行结果

程序运行结果如图 9-2 所示。

图 9-2 程序运行结果图

9.2.3 我给你的提示

本次任务是要实现一个简单的动画场景，在 C 语言中来制作简单的动画一般有两种方法。一种方法可以叫作清屏法，这种方法的原理是先利用清屏函数或者是用背景颜色画图将屏幕上的图形清空，让后在新的位置再将图形绘制出来，重复这两个步骤，就会实现简单的动画效果了。另一种方法可以叫作擦尾法，这种方法的原理是利用背景颜色把要运动的图形覆盖，然后给图形以新的坐标，最后绘制新的图形，重复上面三个步骤形成动画效果。本任务就是利用这种方法来实现的动画。

程序设计步骤如下。

（1）创建用来绘制雪花的结构体 SnowStruct 和结构体变量数组。

```
struct SnowStruct
{
    int x;/*雪花圆心坐标 x*/
    int y;/*雪花圆心坐标 y*/
    int r;/*雪花半径*/
    float speed;/*雪花下落速度*/
}snow[300],sn[300];/*定义全局雪花结构体变量数组*/
```

本结构体用来绘制雪花图形——圆形的相关数据，定义的两个结构体数组 snow 用来绘制新的雪花，sn 用来保存雪花原来的位置，用于擦尾。

（2）定义函数 initgr 设置图形驱动器和模式参数，然后进行注册 BGI 驱动，搭建绘图平台。

（3）设置背景颜色和绘图颜色。

（4）循环初始化 300 粒雪花的数据，其中 getmaxx 和 getmaxy 函数是分别获取屏幕的最大宽度和最大高度。为了制造出漫天飞雪的效果，在初始化雪花坐标的时候要采用随机数的赋值；可是为了限制雪花会出现在屏幕上，所用的随机数又要有限制。下面两个语句正好起到了这个作用。

```
snow[i].x=rand()%getmaxx();
snow[i].y=rand()%getmaxy();
```

（5）使用 while(!kbhit())循环来制作动画过程，其条件!kbhit()表示当程序接收到键盘输入时退出循环。

（6）设置绘图颜色与背景色相同，循环在 sn 数组中位置绘制雪花，也就是进行擦尾操作。这里并不是所有的都要擦掉，加上判断条件 sn[i].y<getmaxy()-rand()%50，满足这个条件的擦掉，是为了在屏幕下方留下一些雪，这样可以看着更逼真。

（7）设置新的绘制图形的颜色，循环给雪花结构体变量赋值为新的坐标，然后在新坐标下绘制雪花。

（8）循环操作使得 sn 数组变量中保存当前雪花的相关数据，用循环来擦除掉尾巴。

（9）恢复 TEXT 屏幕模式。

9.2.4 验证成果

以下是本程序代码，仅供参考：

```
#include "conio.h"
#include "graphics.h"
#include<stdio.h>
#include<math.h>
#include<stdlib.h>
#define closegr closegraph
/*定义雪花结构体*/
struct SnowStruct
{
    int x;/*雪花圆心坐标 x*/
    int y;/*雪花圆心坐标 y*/
    int r;/*雪花半径*/
    float speed;/*雪花下落速度*/
}snow[300],sn[300];/*定义全局雪花结构体变量数组*/
 /* BGI 初始化 */
void initgr(void)
{
    /* 和 gd = VGA,gm = VGAHI 是同样效果 */
```

```
    int gd = DETECT, gm = 0;
    /* 注册 BGI 驱动后可以不需要.BGI 文件的支持运行 */
    registerbgidriver(EGAVGA_driver);
    initgraph(&gd, &gm, "");
}

int main(void)
{
    int i;/*控制循环变量*/
    /* BGI 初始化 */
    initgr();
    /*设置背景颜色为蓝色*/
    setbkcolor(BLUE);
    /*设置绘图颜色为白色*/
    setcolor(WHITE);
    /*初始化随机数*/
    randomize();
    /*循环初始化 300 粒雪花基本数据*/
    for(i=0;i<=299;i++)
    {
        /*雪花圆心坐标 x 取随机数*/
        snow[i].x=rand()%getmaxx();
        /*雪花圆心坐标 y 取随机数*/
        snow[i].y=rand()%getmaxy();
        /*雪花半径取随机数*/
        snow[i].r=rand()%3;
        /*雪花下落速度取随机数*/
        snow[i].speed=rand()%2+1;
    }
    /*循环制作动画*/
    while(!kbhit())
    {
        /*设置绘图颜色为蓝色*/
        setcolor(BLUE);
        /*循环画背景色相同的雪花*/
        for(i=0;i<=299;i++)
        {
            /*判断要清除的雪花坐标 y*/
            if(sn[i].y<getmaxy()-rand()%50)
            {
                /*绘制圆形雪花*/
```

```
                circle(sn[i].x,sn[i].y,sn[i].r);
            }
        }
        /*设置绘图颜色为白色*/
        setcolor(WHITE);
        /*循环绘制雪花*/
        for(i=0;i<=299;i++)
        {
            /*设置雪花新坐标x*/
            snow[i].x= rand()%getmaxx();
            /*设置雪花新坐标y*/
            snow[i].y=snow[i].y+snow[i].speed;
            /*判断新坐标y的位置*/
            if(snow[i].y>=640)
            {
                /*越界归零*/
                snow[i].y=0;
            }
            /*设置雪花半径*/
            snow[i].r=rand()%2;
            /*绘制雪花*/
            circle(snow[i].x,snow[i].y,snow[i].r);
        }
        /*循环保存雪花当前位置*/
        for(i=0;i<=299;i++)
        {
            /*赋值给数组sn进行保存*/
            sn[i]=snow[i];
        }

    }

    /* 暂停一下，看看前面绘图代码的运行结果 */
    getch();
    /* 恢复TEXT屏幕模式 */
    closegr();
    return 0;
}
```

9.3 技术支持

9.3.1 绘图平台搭建

不同的显示器适配器有不同的图形分辨率。既使是同一显示器适配器，在不同模式下也有不同分辨率。因此，在屏幕作图之前，必须根据显示器适配器种类将显示器设置成为某种图形模式，在未设置图形模式之前，微机系统默认屏幕文本模式（80 列，25 行字符模式），此时所有图形函数均不能工作。设置屏幕为图形模式，可用下列图形初始化函数：

```
void far initgraph(int far *gdriver, int far *gmode, char *path);
```

其中 gdriver 和 gmode 分别表示图形驱动器和模式，path 是指图形驱动程序所在的目录路径。有关图形驱动器、图形模式的符号常数及对应的分辨率见表 9-1。

图形驱动程序由 Turbo C 出版商提供，文件扩展名为.BGI。根据不同的图形适配器有不同的图形驱动程序。例如对于 EGA、VGA 图形适配器就调用驱动程序 EGAVGA.BGI。

表 9-1 图形驱动器、模式的符号常数及数值

图形驱动器（gdriver）		图形模式（gmode）			
符号常数	数值	符号常数	数值	色调	分辨率
CGA	1	CGAC0	0	C0	320×200
		CGAC1	1	C1	320×200
		CGAC2	2	C2	320×200
		CGAC3	3	C3	320×200
		CGAHI	4	2 色	640×200
MCGA	2	MCGAC0	0	C0	320×200
		MCGAC1	1	C1	320×200
		MCGAC2	2	C2	320×200
		MCGAC3	3	C3	320×200
		MCGAMED	4	2 色	640×200
		MCGAHI	5	2 色	640×480
EGA	3	EGALO	0	16 色	640×200
		EGAHI	1	16 色	640×350
EGA64	4	EGA64LO	0	16 色	640×200
		EGA64HI	1	4 色	640×350
EGAMON	5	EGAMONHI	0	2 色	640×350
IBM8514	6	IBM8514LO	0	256 色	640×480
		IBM8514HI	1	256 色	1024×768
HERC	7	HERCMONOHI	0	2 色	720×348
ATT400	8	ATT400C0	0	C0	320×200
		ATT400C1	1	C1	320×200
		ATT400C2	2	C2	320×200

续表

图形驱动器（gdriver）		图形模式（gmode）			
符号常数	数值	符号常数	数值	色调	分辨率
ATT400	8	ATT400C3	3	C3	320×200
		ATT400MED	4	2 色	320×200
		ATT400HI	5	2 色	320×200
VGA	9	VGALO	0	16 色	640×200
		VGAMED	1	16 色	640×350
		VGAHI	2	16 色	640×480
PC3270	10	PC3270HI	0	2 色	720×350
DETECT	0	用于硬件测试			

另外，C 提供了退出图形状态的函数 closegraph()，其调用格式为：

```
void far closegraph(void);
```

调用该函数后可退出图形状态而进入文本方式（Turbo C 默认方式），并释放用于保存图形驱动程序和字体的系统内存。

9.3.2 基本绘图函数

1. 屏幕颜色的设置和清屏函数

设置背景色：

```
void far setbkcolor( int color);
```

设置作图色：

```
void far setcolor(int color);
```

其中 color 为图形方式下颜色的规定数值，对 EGA，VGA 显示器适配器，有关颜色的符号常数及数值如表 9-2 所示。

表 9-2 有关屏幕颜色的符号常数表

符号常数	数值	含义	符号常数	数值	含义
BLACK	0	黑色	DARKGRAY	8	深灰
BLUE	1	兰色	LIGHTBLUE	9	深兰
GREEN	2	绿色	LIGHTGREEN	10	淡绿
CYAN	3	青色	LIGHTCYAN	11	淡青
RED	4	红色	LIGHTRED	12	淡红
MAGENTA	5	洋红	LIGHTMAGENTA	13	淡洋红
BROWN	6	棕色	YELLOW	14	黄色
LIGHTGRAY	7	淡灰	WHITE	15	白色

清除图形屏幕内容使用清屏函数，其调用格式如下：

```
voide far cleardevice(void);
```

另外，C 也提供了几个获得现行颜色设置情况的函数。

返回现行背景颜色值：

```
int far getbkcolor(void);
```

返回现行作图颜色值：

```
int far getcolor(void);
```

返回最高可用的颜色值：

```
int far getmaxcolor(void);
```

2．画点函数

```
void far putpixel(int x,int y,int color);
```

该函数表示有指定的像素画一个按 color 所确定颜色的点。对于颜色 color 的值可从表 9－3 中获得，而对 x, y 是指图形像素的坐标。

3．有关坐标位置的函数

返回 x 轴的最大值：

```
int far getmaxx(void);
```

返回 y 轴的最大值：

```
int far getmaxy(void);
```

返回游标在 x 轴的位置：

```
int far getx(void);
```

返回游标在 y 轴的位置：

```
void far gety(void);
```

4．画线函数

```
void far line(int x0,int y0,int x1,int y1);
```

画一条从点(x0,y0)到(x1,y1)的直线。

```
void far circle(int x,int y,int radius);
```

以(x,y)为圆心, radius 为半径，画一个圆。

```
void far arc(int x,int y,int stangle,int endangle,int radius);
```

以(x,y)为圆心, radius 为半径，从 stangle 开始到 endangle 结束（用度表示）画一段圆弧线。在 TURBO C 中规定 x 轴正向为 0°，逆时针方向旋转一周,依次为 90°，180°，270° 和 360°（其他有关函数也按此规定，不再重述）。

```
void ellipse(int x,int y,int stangle,int endangle,int xradius,
int yradius);
```

以(x,y)为中心，xradius,yradius 分别为 x 轴半径和 y 轴半径，从角 stangle 开始到 endangle 结束画一段椭圆线，当 stangle=0, endangle=360 时,画出一个完整的椭圆。

```
void far rectangle(int x1,int y1,int x2,inty2);
```

以(x1,y1)为左上角,(x2,y2)为右下角画一个矩形框。

```
void far drawpoly(int numpoints,int far *polypoints);
```

画一个顶点数为 numpoints,各顶点坐标由 polypoints 给出的多边形。

polypoints 整型数组必须至少有两倍顶点数个无素。每一个顶点的坐标都定义为 x, y，并且 x 在前。值得注意的是当画一个封闭的多边形时，numpoints 的值取实际多边形的顶点数加 1，并且数组 polypoints 中第一个和最后一个点的坐标相同。

下面举一个用 drawpoly()函数画箭头的例子。

【例 9.1】用 drawpoly()函数画箭头。

```
#include<stdlib.h>
#include<graphics.h>
int main()
{
      int gdriver, gmode, i;
      int arw[16]={200,102,300,102,300,107,330,
              100,300,93,300,98,200,98,200,102};
      gdriver=DETECT;
      registerbgidriver(EGAVGA_driver);
      initgraph(&gdriver, &gmode, "");
      setbkcolor(BLUE);
      cleardevice();
      setcolor(12);         /*设置作图颜色*/
      drawpoly(8,arw);    /*画一箭头*/
      getch();
      closegraph();
      return 0;
      }
```

5．设定线型函数

在没有对线的特性进行设定之前，C 用其默认值，即一点宽的实线，C 也提供了可以改变线型的函数。线型包括：宽度和形状。其中宽度只有两种选择：一点宽和三点宽。而线的形状则有五种。下面介绍有关线型的设置函数。

```
void far setlinestyle(int linestyle, unsigned upattern, int thickness);
```

该函数用来设置线的有关信息，其中 linestyle 是线形状的规定，见表 9-3。

表 9-3 有关线的形状(linestyle)

符号常数	数值	含义
SOLID_LINE	0	实线
DOTTED_LINE	1	点线
CENTER_LINE	2	中心线
DASHED_LINE	3	点画线
USERBIT_LINE	4	用户定义线

thickness 是线的宽度，如表 9-4 所示。

表 9-4 有关线宽（thickness）

符号常数	数值	含义
NORM_WIDTH	1	一点宽
THIC_WIDTH	3	三点宽

对于 upattern，只有 linestyle 选 USERBIT_LINE 时才有意义（选其他线型，uppattern 取 0 即可）。此进 uppattern 的 16 位二进制数的每一位代表一个像素，如果那位为 1，则该象元打开，否则该像素关闭。

6．封闭图形的填充

闭合图形的填充要分为以下四步去做。

第一步：使用 setcolor 函数设置边框的颜色。

第二步：使用 setfillstyle 函数来设置填充的类型和颜色。

第三步：画闭合的图形。

第四步：使用 floodfill 函数来进行填充颜色。

7．设置填充类型函数

```
void far setfillstyle(int pattern, int color);
```

color 的值是当前屏幕图形模式时颜色的有效值。pattern 的值及与其等价的符号常数如表 9-5 所示。

表 9-5 关于填充式样 pattern 的规定

符号常数	数值	含义
EMPTY_FILL	0	以背景颜色填充
SOLID_FILL	1	以实线填充
LINE_FILL	2	以直线填充
LTSLASH_FILL	3	以斜线填充（阴影线）
SLASH_FILL	4	以粗斜线填充（粗阴影线）
BKSLASH_FILL	5	以粗反斜线填充（粗阴影线）
LTBKSLASH_FILL	6	以反斜线填充（阴影线）
HATCH_FILL	7	以直方网格填充
XHATCH_FILL	8	以斜网格填充
INTTERLEAVE_FILL	9	以间隔点填充
WIDE_DOT_FILL	10	以稀疏点填充
CLOSE_DOS_FILL	11	以密集点填充
USER_FILL	12	以用户定义式样填充

除 USER_FILL（用户定义填充式样）以外，其他填充式样均可用 setfillstyle()函数设置。当选用 USER_FILL 时，该函数对填充图模和颜色不作任何改变。之所以定义 USER_FILL 主要是因为在获得有关填充信息时用到此项。

8、填充函数

对任意封闭图形填充的函数，其调用格式如下:

```
void far floodfill(int x, int y, int border);
```

其中，x，y 为封闭图形内的任意一点。border 为边界的颜色，也就是封闭图形轮廓的颜色。调用了该函数后，将用规定的颜色和图模填满整个封闭图形。

注意:

- 如果 x 或 y 取在边界上，则不进行填充。
- 如果不是封闭图形则填充会从没有封闭的地方溢出去，填满其他地方。
- 如果 x 或 y 在图形外面，则填充封闭图形外的屏幕区域。
- 由 border 指定的颜色值必须与图形轮廓的颜色值相同，但填充色可选任意颜色。

习　题

编程题:

编程实现模拟手机贪吃蛇游戏。